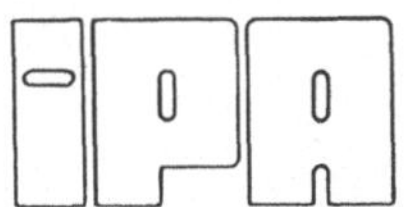

Forschung und Praxis · Band 77

Berichte aus dem Fraunhofer-Institut
für Produktionstechnik und Automatisierung,
Stuttgart, und dem Institut
für Industrielle Fertigung und Fabrikbetrieb
der Universität Stuttgart

Herausgeber: Prof. Dr.-Ing. H. J. Warnecke

Rudolf E. Scheiber

Algorithmen zur flexiblen Gestaltung der kurzfristigen Fertigungssteuerung

Mit 73 Abbildungen und 1 Tabelle

Springer-Verlag
Berlin Heidelberg New York Tokyo 1984

Dipl.-Wirtsch.-Ing. Rudolf E. Scheiber
Fraunhofer-Institut für Produktionstechnik und Automatisierung (IPA), Stuttgart

Dr.-Ing. H. J. Warnecke
o. Professor an der Universität Stuttgart
Fraunhofer-Institut für Produktionstechnik und Automatisierung (IPA), Stuttgart

D 93

ISBN-13:978-3-540-13500-5 e-ISBN-13:978-3-642-82298-8
DOI: 10.1007/978-3-642-82298-8

Gesamtherstellung: Copydruck GmbH, Offsetdruckerei, Industriestraße 1-3, 7258 Heimsheim, Telefon 0 70 33/38 25-26
2362/3020—543210

Geleitwort des Herausgebers

Die Entwicklungen in der Produktionstechnik in den letzten Jahrzehnten haben entscheidend zur positiven wirtschaftlichen und sozialen Entwicklung in der Bundesrepublik Deutschland beigetragen. Die Produktivität konnte jedes Jahr um durchschnittlich etwa 3,5 % gesteigert werden. Mechanisierung und Automatisierung wurden und werden stetig weiter vorangetrieben. Während es sich bisher jedoch um Verbesserungen an einzelnen Maschinen und Anlagen sowie Verfahren handelte, werden heute alle Unternehmensbereiche erfaßt, und man ist bemüht, das gesamte System Unternehmen bzw. Produktionsbetrieb zu optimieren. Das klassische Bemühen um Optimierung des Einsatzes und Zusammenwirkens der Produktionsfaktoren Mensch, Maschine und Material muß heute erweitert werden um die Berücksichtigung sozialer Belange, gesetzlicher Auflagen, Probleme der Energieversorgung , schnellen Veränderungen an den Produkten und auf den Märkten sowie Sicherung der Qualität und der Lieferfähigkeit.

Von wissenschaftlicher Seite wird und muß dieses Bemühen unterstützt werden durch die Entwicklung von Methoden und Vorgehensweisen zur systematischen Analyse und Verbesserung des Systems Produktionsbetrieb. Hier ist heute insbesondere auch der Fertigungsingenieur gefordert, nicht nur einzelne Maschinen und Verfahren zu beherrschen, sondern das gesamte komplexe System hinsichtlich der Verknüpfung seiner Elemente durch zweckmäßigen Informations- und Materialfluß. Beispielhaft seien dazu nur hinsichtlich des Informationsflusses die heute gegebenen Möglichkeiten der Datenerfassung und -verarbeitung in Fertigungsplanung und -steuerung an den einzelnen Produktionsanlagen sowie im Qualitätswesen genannt. Im Materialfluß geht es um richtige Auswahl und Einsatz von Fördermitteln, Förderhilfsmitteln sowie Anordnung und Ausstattung von Lägern. Der weiteren Automatisierung in der Handhabung von Werkstücken und Werkzeugen sowie der Montage von Produkten wird in nächster Zukunft allergrößte Aufmerksamkeit geschenkt werden. Leistungsfähige Sensoren werden die Möglichkeiten dafür sehr stark vergrößern.

Die beiden vom Herausgeber geleiteten Institute, das Institut für Industrielle Fertigung und Fabrikbetrieb der Universität Stuttgart sowie das Fraunhofer-Institut für Produktionstechnik und Automatisierung in Stuttgart, arbeiten in grundlegender und angewandter Forschung intensiv an den aufgezeigten Entwicklungen in der Produktionstechnik mit. Zur Umsetzung gewonnener Erkenntnisse wird die Schriftenreihe "IPA Forschung und Praxis" herausgegeben. Der vorliegende Band setzt diese Reihe fort, eine Übersicht über bisher erschienene Titel wird am Schluß dieses Bandes gegeben.

Dem Verfasser sei für die geleistete Arbeit gedankt, dem Springer-Verlag für die Aufnahme dieser Schriftenreihe in seine Angebotspalette und der Druckerei für saubere und zügige Ausführung. Möge das Buch von der Fachwelt gut aufgenommen werden.

Hans-Jürgen Warnecke

Vorwort des Verfassers

Die vorliegende Dissertation entstand während meiner Tätigkeit als wissenschaftlicher Mitarbeiter am Fraunhofer-Institut für Produktionstechnik und Automatisierung (IPA), Stuttgart.

Herrn Prof. Dr.-Ing. H.J. Warnecke, dem Leiter des Institutes, bin ich für die wohlwollende Förderung und großzügige Unterstützung der Arbeit zu besonderem Dank verpflichtet.

Ebenfalls danken möchte ich Herrn Prof. DTech. h.c. Dipl.-Ing. K. Tuffentsammer für die eingehende Durchsicht der Arbeit und die sich daraus ergebenden Hinweise.

Bei allen Mitarbeitern des Institutes, die mir durch Kritik und stete Hilfsbereitschaft das Abfassen dieser Arbeit erleichtert haben, bedanke ich mich ebenfalls herzlich. Ganz besonders danken möchte ich Herrn Dr.-Ing. J.H. Kölle und Dr. phil.,Dipl. phys. K. Kornwachs für Ihre große Diskussionsbereitschaft und wertvollen Anregungen.

Mein besonderer Dank gilt auch meiner Familie, die die Last meines Dissertationsvorhabens mit großer Zuversicht mitgetragen hat.

München, Dezember 1983 R.E. Scheiber

INHALTSVERZEICHNIS

0 ABKÜRZUNGEN

A	Ausgabeinformationen
a1	Arbeitssystembezogene Personalkapazität
a2	Arbeitssystembezogener Materialbestand
a3	Arbeitssystembezogene Arbeitsmittelkapazität
a4	Steuerungsrelevante Auftragsinformation
a5	Auftragsbezogene Materialinformation
a6	Auftragsbezogene Transportinformation
a7	Steuerungsrelevante Transportinformation
AP	Arbeitsmittelprüfung
AP1	Arbeitsmittel auf Qualität prüfen
AP2	Arbeitsmittel auf Arbeitssicherheit prüfen
AP3	Arbeitsmittelinstandhaltung veranlassen
AP4	Arbeitsmittel freigeben
AT	Arbeitstag
AV	Arbeitsverteilung
AV1	Personalverfügbarkeit kontrollieren
AV2	Materialverfügbarkeit kontrollieren
AV3	Arbeitsmittelverfügbarkeit kontrollieren
AV4	Auftragsreihenfolge festlegen
AV5	Auftragsbearbeitung veranlassen
AV6	Material bereitstellen
AV7	Materialtransport verantworten
b1	Arbeitssystembezogene Rückmeldeinformation
b2	Auftragsbezogene Fertigungszustandsinformation
b3	Auftragsbezogene Soll-/Istvergleichsinformation
b4	Auftragsbezogene Rückstandsinformation
b5	Personalbezogene Störungsinformation
b6	Materialbezogene Störungsinformation
b7	Arbeitmittelbezogene Störungsinformation
BE	Betriebsebene
c1	Auftragsbezogene Qualitätsprüfungsinformation
c2	Materialbezogene Ausschußinformation
c3	Periodenbezogene Qualitätsprüfungsinformation

c4	Steuerungsrelevante Qualitätsprüfungsinformation
c5	Korrekturbedingte Ausschußinformation
d1	Arbeitsmittelbezogene Qualitätsinformation
d2	Steuerungsbezogene Qualitätsinformation
d3	Arbeitsmittelbezogene Arbeitssicherheitsinformation
d4	Steuerungsrelevante Arbeitssicherheitsinformation
d5	Steuerungsbezogene Instandhaltungsinformation
DE	Dispositionsebene
$E1 .. E_j$	Entscheidungselemente
E	Eingabeinformationen
FA	Fertigungsablaufsicherung
FA1	Fertigungszustand feststellen
FA2	Rückmeldung verantworten
FA3	Soll- und Istfertigungszustand vergleichen
FA4	Störungsmeldungen auswerten
FA5	Rückstandslisten erstellen
FA6	Bei Personalstörung reagieren
FA7	Bei Materialstörung reagieren
FA8	Bei Arbeitsmittelstörung reagieren
FP	Fertigungsprozeß
$H1 .. H_j$	Handlungselemente
I_{AE}	Vorgabeinformation der Arbeitssystemebene
I_{BE}	Vorgabeinformation der Betriebsebene
I_{DE}	Vorgabeinformation der Dispositionsebene
I_{FP}	Rückmeldeinformation vom Fertigungsprozeß
j	Anzahl der Elemente eines Algorithmus
K	Kommunikationseinheit
$K_{DE,BE}$	Kommunikationseinheit zur Dispositionsebene bzw. Betriebsebene

K_{FP}	Kommunikationseinheit zum Fertigungsprozeß
QS	Qualitätssicherung
QS1	Qualität nach Prüfplan und -vorschrift prüfen
QS2	Nachbearbeitung entscheiden (ohne Neuteilbeschaffung)
QS3	Nachbearbeitung veranlassen (mit Neuteilbeschaffung)
QS4	Ausschußmenge erfassen
QS5	Prüfergebnisse auswerten
R	Korrelationskoeffizient
R_{KFST}	Rückkopplungseinheit zur kurzfristigen Fertigungssteuerung
$\wedge$	"Oder-Verknüpfung"
$\vee$	"Und-Verknüpfung"

1 EINLEITUNG

In den letzten Jahren haben sich aufgrund von Markterfordernissen, technischem Fortschritt, gesellschaftlichen Einflüssen und gesetzlichen Bestimmungen Veränderungen ergeben, die in den Unternehmen u.a. die Entwicklung und den Einsatz angepaßter Organisationsformen im Fertigungsbereich erfordern. Hierfür bieten sich flexible Arbeitssysteme an, die heute schon teilweise in der betrieblichen Praxis sowohl in Montage als auch in der Teilefertigung zu finden sind (vgl. dazu /1,2,3,4/).

Besonders der hohe Wettbewerbsdruck auf den Absatzmärkten hat die Anforderungen hinsichtlich wirtschaftlicher Fertigung, kurzen Lieferzeiten und hohem Qualitätsstandard verstärkt. Es ist deshalb notwendig, organisatorische Voraussetzungen zu schaffen, die es erlauben, die Fertigung schnell auf veränderte Situationen einzustellen. Als Hilfsmittel ist dazu eine flexible Fertigungssteuerung erforderlich, mit der die vorhandene technische Flexibilität der Arbeitssysteme genutzt werden kann. Im Bereich der kurzfristigen Fertigungssteuerung sind Mengen und Kapazitäten so zu disponieren, daß die Marktanforderungen termingerecht erfüllt werden. Damit fällt der Fertigungssteuerung als Verbindung zwischen Fertigung und Vertrieb eine entscheidende Aufgabe zu.

Die bisherigen Beiträge zur Gestaltung von Fertigungssteuerungssystemen, die diesen Anforderungen entsprechen sollen, befassen sich mit der Problemlösung für bestimmte Fertigungsbereiche, z.B. Arbeitsvorratsbildung bei Fertigungszellen /5/, Terminplanung und -steuerung bei flexiblen Montagesystemen /6/. In dieser Arbeit sollen zum einen die Voraussetzungen für eine flexible Fertigungssteuerung, die in jedem Fertigungsbereich unabhängig vom Organisationstyp angewendet werden kann, geschaffen werden. Zum anderen wird auf dieser Grundlage eine Konzeption für eine flexible Gestaltung der kurzfristigen Fertigungssteuerung entwickelt. Ausgehend von den Entscheidungsprozessen in der kurzfristigen Fertigungssteuerung werden Algorithmen mit Hilfe eines Rückkopplungsmodells beschrieben. Mit diesen Bausteinen können beliebige Fertigungssteuerungssysteme gestaltet werden. Die Anwendbarkeit dieses Modells wird an einem Praxisbeispiel einer Rohteilbearbeitung überprüft.

2 ABGRENZUNG DER PROBLEMSTELLUNG

2.1 Begriffliche Abgrenzung

Die F e r t i g u n g s s t e u e r u n g veranlaßt, überwacht und sichert die Durchführung von Fertigungsaufgaben hinsichtlich Menge, Termin, Qualität und Kosten /7/.

Betrachtet man die Steuerung des Fertigungsablaufs in einer zeitlichen Einteilung, dann lassen sich folgende Aufgabenbereiche voneinander abgrenzen (vgl. dazu /1/):

- Mittel- und langfristige Planung
- kurzfristige Planung
- kurzfristige Fertigungssteuerung

Während die mittel- und langfristige Planung konkurrierende Aufträge in Einzelaktivitäten auflöst und terminlich sowie mengenmäßig auf die betrieblichen Kapazitäten einplant, werden in der kurzfristigen Planung die Fertigungskapazitäten abgestimmt. In der kurzfristigen Fertigungssteuerung werden dann die Fertigungsaufträge termingerecht an die Arbeitsplätze vorgegeben und der Durchlauf überwacht. Dieser Aufgabenbereich läßt sich neben den Fertigungsaufgaben als weiterer Aufgabenkomplex im Fertigungsbereich ansehen. Kennzeichnend für die Aufgaben Arbeitsverteilung, Fertigungsablaufsicherung, Qualitätssicherung und Betriebsmittelprüfung sind die unmittelbaren Beziehungen zum Fertigungsprozeß /8/. Mit diesen Aufgaben, die sich in insgesamt 24 Einzelaufgaben untergliedern, wird im weiteren die k u r z f r i s t i g e F e r t i g u n g s s t e u e r u n g beschrieben (Bild 1).

Flexibilität bedeutet allgemein eine schnelle Reaktionsfähigkeit bezüglich oft wechselnder Situationen und wird durch die Eigenschaften Vielseitigkeit und Anpassungsfähigkeit ausgedrückt /9/. Eine f l e x i b l e G e s t a l t u n g der Produktion kann durch eine flexible Konzeption der Arbeitssysteme und des Steuerungssystems verwirklicht werden. Das Arbeitssystem wird beschrieben durch das Zusammenwirken seiner Elemente: Mensch, Sachmittel und Arbeitsaufgabe und die Beziehungen

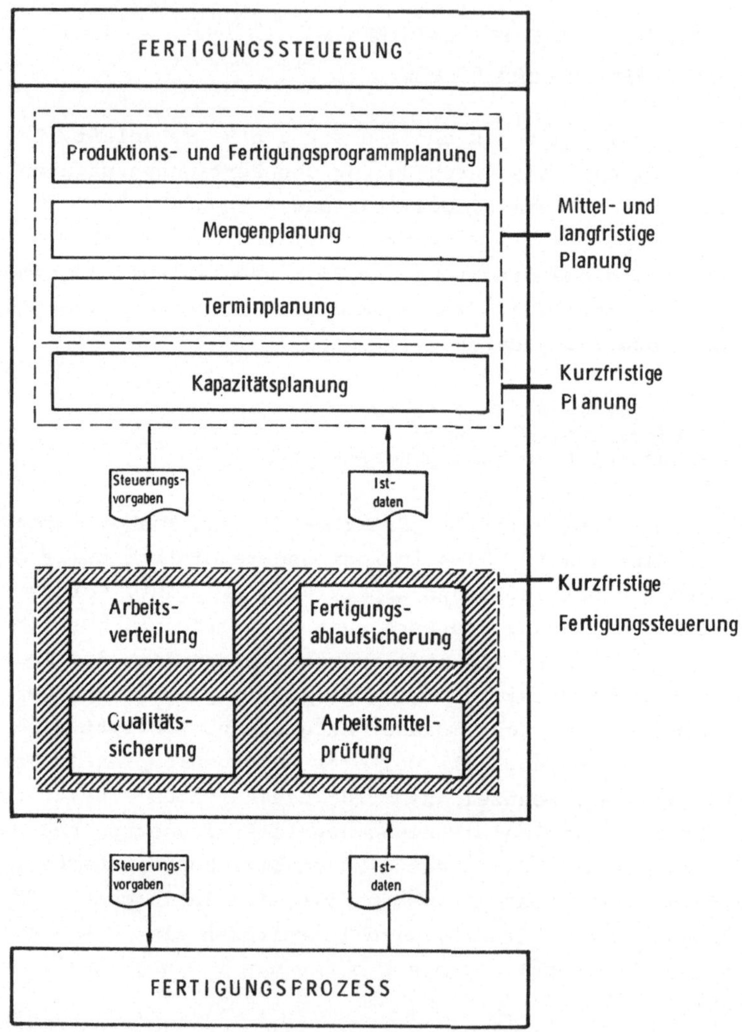

Bild 1: Abgrenzung der kurzfristigen Fertigungssteuerung

zum betrieblichen Umfeld. Flexible Arbeitssysteme unterscheiden sich von herkömmlichen Organisationsformen der Fertigung durch die Art der Beziehungen zwischen den Elementen. Diese Beziehungen sind nicht mehr starr vorgegeben, sondern innerhalb festgelegter Spielräume veränderbar (vgl. dazu /10/). Anhand von technisch-organisatorischen Merkmalen lassen sich die Flexibilitätseigenschaften von Arbeitssystemen verdeutlichen (Bild 2). Mit der Fertigungsvielfalt wird die Anzahl der Produktvarianten gekennzeichnet, die in einem Arbeitssystem gefertigt werden. Je nach Art des Arbeitssystems ist das Variantenspektrum unterschiedlich ausgeprägt.

Technisch - organisatorische Merkmale bezüglich Flexibilität	Ausprägungen bei Flexiblen Arbeitssystemen	Ausprägungen bei Konventionellen Arbeitssystemen
– Fertigungsvielfalt	• breites Variantenspektrum	• schmales Variantenspektrum
– Arbeitsteilung	• gering	• hoch
– Anzahl der Fertigungsaufträge	• groß pro Zeiteinheit	• klein pro Zeiteinheit
– Losgröße	• klein	• groß
– Auftragseinplanung	• hoher Freiheitsgrad	• geringer Freiheitsgrad
– Wechselnde Fertigungsanforderungen	• schnelle Anpassung	• schwierige Anpassung
– Steuerungsaufwand	• hoch	• niedrig
	↓ Hohe Flexibilität	↓ Geringe Flexibilität

Bild 2: Technisch-organisatorische Merkmale und Flexibilitätseigenschaften von Arbeitssystemen

Das Merkmal der Auftragseinplanung beschreibt die Möglichkeit von Umplanungen und den dafür erforderlichen Aufwand. Ein hoher Freiheitsgrad sagt aus, daß häufige Umplanung der Aufträge mit geringem Aufwand realisiert werden können. Wechselnde Fertigungsanforderungen ergeben sich aus den Nachfragen des Absatzmarktes. Eine hohe Flexibilität liegt vor, wenn eine schnelle Anpassung der Fertigung an die Marktanforderungen möglich ist.

Unter einem A l g o r i t h m u s wird eine eindeutige Verfahrensvorschrift verstanden, die einen Lösungsweg für eine Aufgabe über eine endliche Anzahl von Anweisungen angibt /11/. Die in dieser Arbeit entwickelten Algorithmen beschreiben die Lösungsschritte für die Einzelaufgaben der kurzfristigen Fertigungssteuerung. Da jeder Algorithmus ein Abbild des Lösungsweges ist, können sowohl Handlungs- und Entscheidungsablauf durchgespielt als auch ablaufbestimmende Lösungsschritte als Orientierungshilfen für die spätere praktische Anwendung hervorgehoben werden.

2.2 Problematik der flexiblen Gestaltung der kurzfristigen Fertigungssteuerung

Die wechselnden Einflüsse auf den Beschaffungs- und Absatzmärkten erfordern von den Unternehmen gezielte Maßnahmen, um diesen Anforderungen gerecht zu werden. Insbesondere muß die Produktion auf kurzfristige Änderungen trotz großer Variantenzahl und kleiner Losgrößen bei kurzen Umrüstzeiten eingerichtet sein. Bisher wurden dazu nur die technischen Möglichkeiten ausgeschöpft /12/. Als Ergebnisse sind z.B. flexible Fertigungssysteme und Fertigungszellen in der Teilefertigung bzw. flexible Arbeitsstrukturen in der Montage zu nennen.

Inzwischen hat man erkannt, daß neben den technischen Bedingungen im Fertigungsbereich auch das organisatorische Konzept der Produktion überdacht und gegebenenfalls angepaßt werden muß /13/. Ansatzpunkt ist dabei eine flexible Organisation der Fertigungssteuerung. Mit der Zielsetzung "Erhöhung der Produktionsflexibilität" lassen sich über das Fertigungssteuerungssystem sowohl Marktanforderungen als auch unternehmensinterne Einflüsse in den Fertigungsprozeß umsetzen. Dazu zeigt Bild 3, daß im Rahmen von Forschungsprojekten verschiedene Lösungen sowohl zur Realisierung von flexiblen Arbeitssystemen als auch zur Terminplanung und -steuerung entstanden sind, während die kurzfristige Fertigungssteuerung bisher nicht bearbeitet wurde (vgl. dazu /5,6,9,14/).

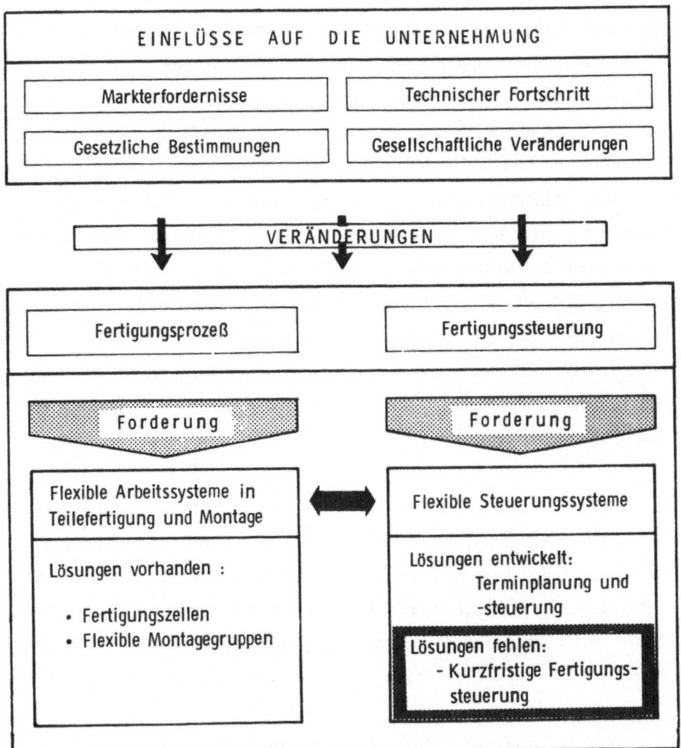

Bild 3: Notwendigkeit flexibler Steuerungssysteme für den kurzfristigen Bereich

2.3 Vorhandene Arbeiten zum Problem

Forschungsarbeiten zur flexiblen Gestaltung der Produktion beschäftigen sich einerseits mit der Verbreitung und Gestaltung von flexiblen Arbeitssystemen und andererseits mit der Entwicklung von Konzeptionen zur Fertigungssteuerung.

Von Fotilas /15/ werden neben technischen und sozialen auch ökonomische Aspekte der Arbeitsorganisation und Arbeitsgestaltung bei der Einführung neuer Arbeitsformen betrachtet. Es werden organisatorisch relevante Kommunikationsstrukturen entwickelt, die allerdings ohne konkreten Aufgabenbezug bleiben und daher nur theoretischen Charakter haben.

Zippe /4/ untersuchte unter betriebswirtschaftlichen Gesichtspunkten u.a. die Gründe für die Einführung neuer Arbeitsformen. In diese Studie sind 201 Arbeitssysteme einbezogen. Es zeigt sich, daß in fast gleichem Ausmaß wirtschaftliche wie personelle Probleme den Anstoß für die Veränderung des Arbeitssystems geben. In einer weiteren Arbeit /16/, die die Einführung neuer Arbeitsformen untersucht, werden Gründe, Vorgehensweisen und Ergebnisse der Umstellung von Fließfertigungssystemen auf Einzel- oder Gruppenfertigung ermittelt und analysiert. Darunter fällt auch die Veränderung der Arbeitsorganisation durch Berücksichtigung von Anforderungskriterien zur Arbeitsgestaltung wie sie in /17/ genannt werden. Eine Umsetzung in entsprechende Gestaltungsmaßnahmen erfolgt nicht.

In der Arbeit von Adena /18/ wird die Fertigungssteuerung unter dem Gesichtspunkt der Gruppenverantwortung und der Integration von planerischen Aufgaben in den Fertigungsprozeß untersucht. Allerdings ermittelt diese Arbeit nur Anforderungen und Veränderungen für die Fertigungsorganisation aus der Sicht der Datenverarbeitung.

Erste Ansätze organisatorischer Lösungen für flexible Arbeitssysteme in Montage- und Teilefertigung finden sich in /1/. Für die Fertigungsorganisation werden integrierte Informationssysteme mit hierarchischem Aufbau vorgeschlagen, wobei die entsprechenden Aufgaben für die Entwicklung EDV-unterstützter Informationssysteme aufgezeigt werden. Die in dieser Arbeit aufgezeigten Ansätze werden in Lederer /5/ durch die Entwicklung von technisch-organisatorischen Arbeitsformen vertieft. Es wird ein Verfahren der Arbeitsvorratsbildung zur Terminplanung für Fertigungszellen entwickelt. Damit wird erstmals ein spezielles EDV-unterstütztes Steuerungssystem zur Terminplanung für ein flexibles Arbeitssystem beschrieben. Diese Thematik wird in /10/ fortgeführt. Daneben wird auf die Gliederung der Aufgaben der kurzfristigen Fertigungssteuerung und auf die Übertragung auf Werkstattmitarbeiter eingegangen.

Vertieft wird die Problematik der kurzfristigen Fertigungssteuerung bei neuen Arbeitsformen in /19/. In dieser Arbeit wird eine Arbeitsorganisation für die Fertigungssteuerung entwickelt. Aufbauend auf den auf den in /7/ beschriebenen Aufgaben der Fertigungssteuerung werden abgestufte Modelle mit entsprechenden Organisationsmitteln für die Übernahme dispositiver Aufgaben durch Werkstattmitarbeiter bereitgestellt.

Kölle /6/ begrenzt die Bearbeitung der Fertigungssteuerungsproblematik auf den Teilbereich Montageplanung und -steuerung. Entsprechend den Anforderungen flexibler Arbeitssysteme in der Montage sind dialogfähige EDV-unterstützte Verfahren zur Terminplanung und -steuerung von flexiblen Montagegruppen entwickelt worden. Dadurch sollen zum einen die Fertigungsdisponenten von monoton repetitiven Tätigkeiten entlastet werden und zum anderen kann die vorhandene technische Flexibilität genutzt werden.

In /20/ wird ein Verfahren zur Auswahl eines Informationssystemmodells für die kurzfristige Fertigungssteuerung entwickelt. Aus einem qualitativen und einem quantitativen Anforderungsprofil der Informationsflüsse werden mit EDV-Unterstützung entsprechende Automatisierungsmodelle abgeleitet. Mit diesem Verfahren können geeignete Bausteine für ein EDV-unterstütztes Informationssystem zur kurzfristigen Fertigungssteuerung ausgewählt werden.

Die Analyse der vorhandenen Arbeiten zum Problem der flexiblen Gestaltung der kurzfristigen Fertigungssteuerung zeigt, daß für die Terminplanung und -steuerung Lösungen entwickelt sind, die allerdings nicht allgemein übertragbar, sondern auf spezielle Anwendungen in Montage bzw. Teilefertigung zugeschnitten sind. Denn es werden nur Ansätze zur flexiblen Gestaltung der Fertigungssteuerung aufgezeigt. So wird u.a. die Eignung der Aufgaben der kurzfristigen Fertigungssteuerung für eine Übernahme durch Werkstattmitarbeiter angesprochen. Allerdings fehlen eine umfassende Analyse und detaillierte Ablaufbeschreibung der Aufgabendurchführung sowie eine Darstellung des informationellen Zusammenhangs der kurzfristigen Arbeitssystemsteuerung, wie sie im Rahmen dieser Arbeit durchgeführt werden sollen. Arbeiten mit flexiblen Lösungen zur kurzfristigen Fertigungssteuerung, die für unterschiedliche Organisationstypen angewandt werden können, sind nicht vorhanden.

2.4 Aufgabenstellung und Vorgehensweise

Ziel der vorliegenden Arbeit ist es, einen Beitrag zur flexiblen Gestaltung der kurzfristigen Fertigungssteuerung zu leisten. Dazu ist eine Ablaufbeschreibung der kurzfristigen Steuerungsaufgaben zu entwickeln, die allgemein gültig und übertragbar ist. Mit diesen detaillierten Abläufen der Einzelaufgaben kann eine kurzfristige Fertigungssteuerung entsprechend den Anforderungen zur flexiblen Gestaltung von Steuerungssystemen (vgl. 2.2) aufgebaut werden. Damit läßt sich die vorhandene Flexibilität von Arbeitssystemen wie Fertigungszellen oder flexiblen Montagegruppen durch eine geeignete Steuerung nutzen. Zur Erarbeitung dieses Verfahrens wird der in Bild 4 dargestellte Weg beschritten.

Das in dieser Arbeit entwickelte Fertigungssteuerungskonzept baut auf einer Untersuchung der Organisation der Fertigungssteuerung, insbesondere des kurzfristigen Teils und der Informationsschnittstellen auf (Kap. 3). In einem axiomatischen Systementwurf werden Elemente und Struktur der kurzfristigen Fertigungssteuerung bestimmt. Die Praktikabilität dieses Organisationssystems wird durch eine empirische Erhebung untermauert. Im nächsten Schritt wird in Kap. 4 eine Modellvorstellung zur kurzfristigen Fertigungssteuerung entwickelt. Die mit der kurzfristigen Fertigungssteuerung zusammenhängenden Funktionsbereiche werden diskutiert. Für drei Modellstufen werden Informationsflußsysteme von Fertigungssteuerung und -prozeß sowie von der kurzfristigen Fertigungssteuerung und deren vier Aufgaben gebildet. In der Realisierungsphase (Kap. 5 und 6) wird die kurzfristige Fertigungssteuerung in Einzelaufgaben zerlegt und Elemente für den Aufbau des Aufgabenlösungsprozesses entwickelt. Daraus wird eine Rückkopplungseinheit als Grundbaustein für die Algorithmen konzipiert. Mit Hilfe von Algorithmen wird dann die Feinablaufstruktur der Fertigungssteuerung beschrieben. Im abschließenden Schritt wird die Anwendbarkeit der Algorithmen am Beispiel einer Fertigungszelle zur Rohteilbearbeitung abgesichert.

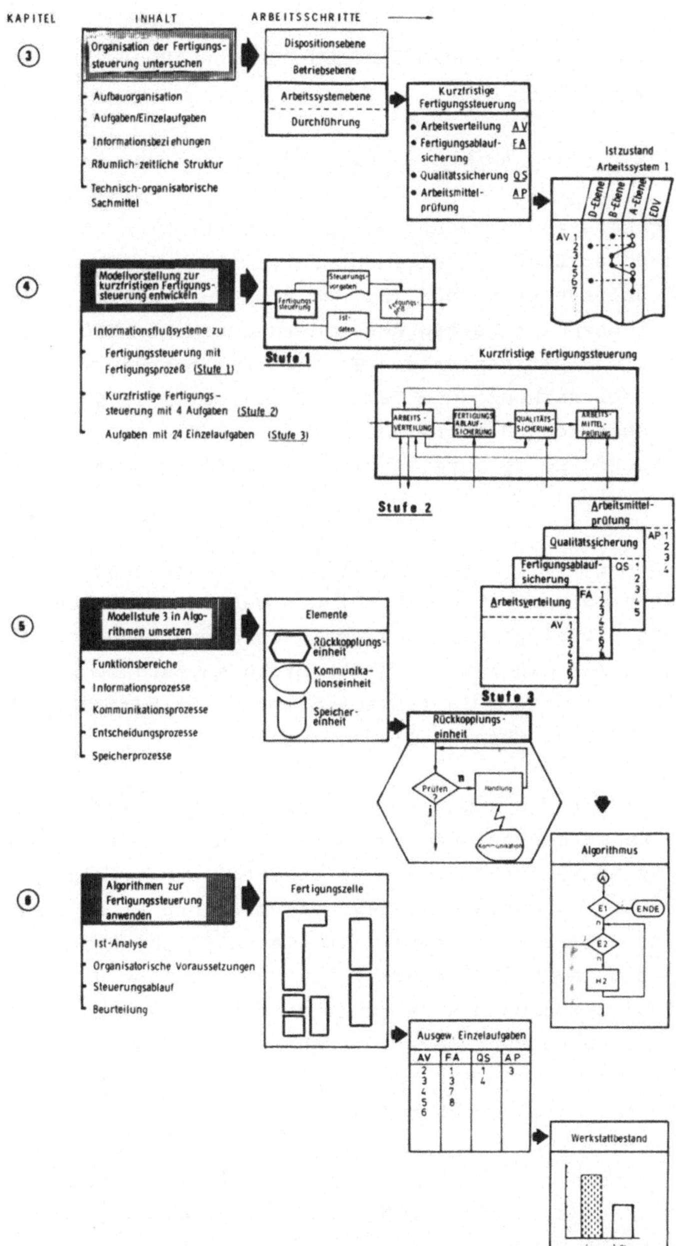

Bild 4: Vorgehensweise bei der Entwicklung von Algorithmen zur flexiblen Gestaltung der kurzfristigen Fertigungssteuerung

3 UNTERSUCHUNG DER ORGANISATION DER KURZFRISTIGEN FERTIGUNGSSTEUERUNG

3.1 Prinzipieller Aufbau einer Fertigungssteuerung

Die Fertigungssteuerungsaufgaben liefern Vorgaben, nach denen der Fertigungsprozeß abläuft. Zur Entwicklung eines Modellentwurfs muß untersucht werden, mit welchen Merkmalen die Aufgaben und Vorgaben der Fertigungssteuerung beschrieben werden können. Aus der Definition der Fertigungssteuerung ergeben sich aufgaben- oder sachbezogene Beschreibungsmerkmale für die Sachstruktur, zeitliche Beschreibungsmerkmale für die Zeitstruktur und aufbaubezogene Beschreibungsmerkmale für die Aufbaustruktur.

Die S a c h s t r u k t u r bildet die Beziehungen zwischen den Aufgaben ab und ermöglicht eine organisationsunabhängige Darstellung der einzelnen Aufgaben. Für diese Arbeit wird in Anlehnung an /7/ die Fertigungssteuerung in Aufgabenbereiche eingeteilt, die weiter in Teilaufgaben und im kurzfristigen Bereich in Einzelaufgaben gegliedert werden.

Die Z e i t s t r u k t u r der Fertigungssteuerung gibt die zeitliche Folge des Ablaufs der Aufgaben und den jeweils zugrundeliegenden Zeitraum vor. Die Beschreibung erfolgt mit Hilfe von Planungshorizont, Planungszyklus und Planungsabschnitt. Der Planungshorizont gibt die zeitliche Reichweite der Planungsdaten an. Der Planungszyklus kennzeichnet den zeitlichen Abstand zwischen den Zeitpunkten der Erstellung neuer Planungs- und Steuerungsdaten. Der Planungsabschnitt sagt aus, für welche Zeiteinheit die Daten erstellt werden, z.B. tages- oder wochenbezogene Vorgaben (vgl. dazu /21/).

Die hierarchische A u f b a u s t r u k t u r wird festgelegt durch die Zuordnung der Aufgaben zu bestimmten Ebenen der betrieblichen Aufbauorganisation.

Eine Verknüpfung der zeitlichen und aufbaubezogenen Merkmale führt zu folgenden Ebenen (Bild 5):

Dispositionsebene - Planen -
Betriebsebene - Steuern, Überwachen -
Arbeitssystemebene - Steuern, Überwachen, Durchführen -.

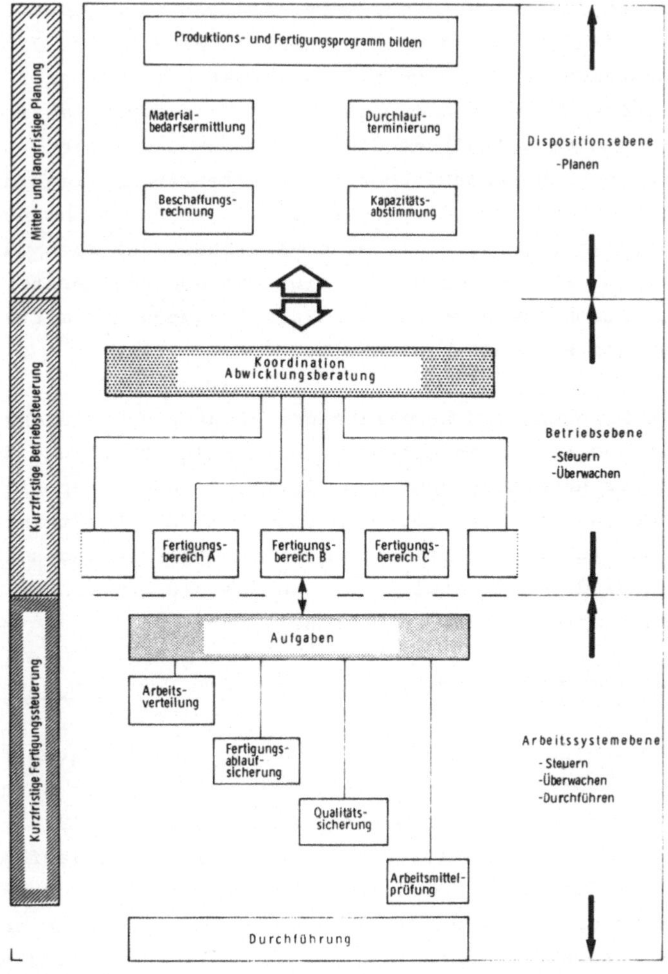

Bild 5: Prinzipieller Aufbau der Fertigungssteuerung

Die Abgrenzung dieser Ebenen leitet sich aus der unterschiedlichen Aufgabenstellung innerhalb der einzelnen Ebenen und den Schnittstellen zwischen den Ebenen ab. Die Arbeitssysteme stellen als Teilbereiche der Fertigung abgegrenzte Systeme dar, die über definierte Schnittstellen mit der nächst höheren Ebene, der Betriebsebene, verbunden sind. In der Arbeitssystemebene werden die Aufgaben der kurzfristigen Fertigungssteuerung durchgeführt. Aus den Verbindungen zwischen den einzelnen Arbeitssystemen leiten sich die Koordinationsaufgaben für die Betriebsebene ab. Außerdem werden Maßnahmen zur Beseitigung von Störungen veranlaßt und die Erreichung der Mengen- und Terminvorgaben überwacht. Über der Betriebsebene liegt die Dispositionsebene, die die Schnittstelle zu unternehmensexternen Stellen ist und damit eine Verbindung zwischen marktorientierten Aktivitäten und Fertigungssteuerung herstellt. In der Dispositionsebene werden zentrale Aufgaben der mittel- und langfristigen Planung abgewickelt.

Durch die Trennung von kurzfristiger Steuerung und übergeordneter Planung,verbunden mit der funktionalen Zuordnung der Aufgaben zur Arbeitssystem- bzw. Betriebs- oder Dispositionsebene ergeben sich Veränderungen innerhalb des kurzfristigen Aufgabenbereichs. Denn bei einem Fertigungssteuerungsaufbau wie er in Bild 5 dargestellt ist, werden die Spielräume in den einzelnen Fertigungsbereichen größer.

3.2 Aufgabengliederung der kurzfristigen Fertigungssteuerung

Zur Steuerung des Fertigungsprozesses im Arbeitssystem sind Aufträge zu verteilen, die Auftragsdurchführung ist abzusichern und eine Rückkopplung über das Arbeitsergebnis ist sicherzustellen /7/. Zur Arbeitsverteilung gehören Einzelaufgaben, wie z.B. Verfügbarkeit bzgl. Personal, Material und Betriebsmittel kontrollieren, um die Voraussetzungen für eine ordnungsgemäße Aufgabendurchführung zu schaffen. Der Fertigungsprozeß selbst wird durch die Auftragsbearbeitung veranlaßt und hinsichtlich des geplanten Ergebnisses durch die Qualitätssicherung und die Arbeitsmittelprüfung abgesichert.

Daten über das Arbeitsergebnis werden in der Fertigungsablaufsicherung rückgemeldet. Diese Beschreibung der Einzelaufgaben zeigt, daß Fertigungssteuerung und Fertigungsprozeß durch einen Datenaustausch eng miteinander verbunden sind. In Bild 6 sind die jeweiligen Aufgaben mit ihren Einzelaufgaben der kurzfristigen Fertigungssteuerung vollständig dargestellt (vgl. die dazugehörigen Definitionen in Abschnitt 7.1).

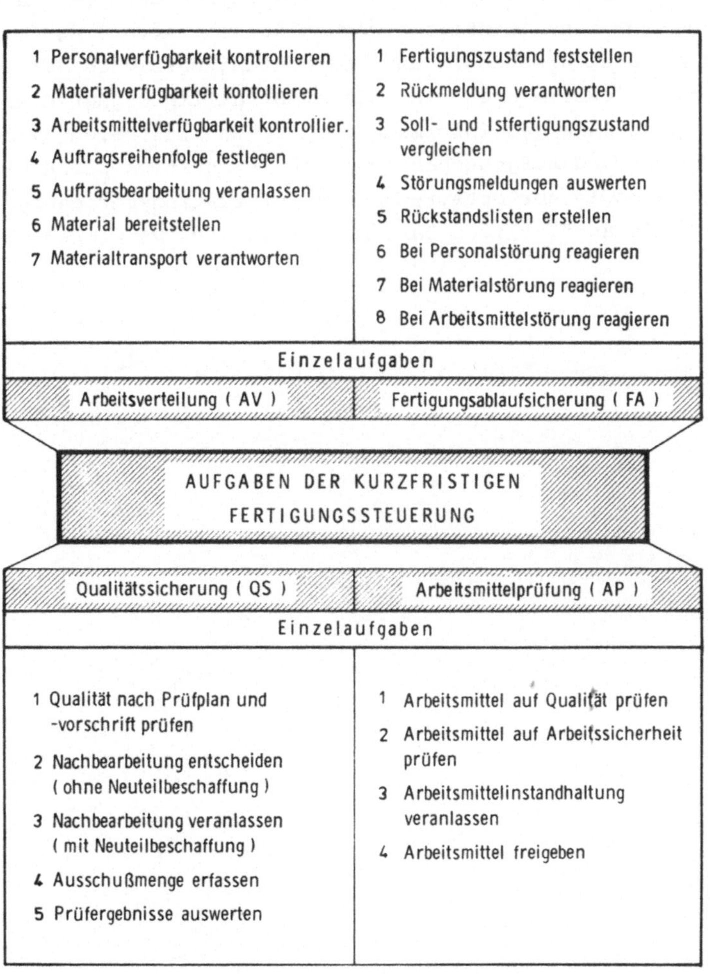

Bild 6: Aufgabengliederung der kurzfristigen Fertigungssteuerung

Zur Verdeutlichung der Schnittstellen zwischen der kurzfristigen Fertigungssteuerung und den übergeordneten Aufgabenbereichen der Planung und Steuerung dient Bild 7. Die Informationsbeziehungen sind nach /7/ und eigenen Untersuchungen /19,22/ entwickelt worden. Dabei wird auf eine Zuordnung der übergeordneten Aufgabenbereiche zur Dispositions- oder Betriebsebene bewußt verzichtet, da diese Aufgaben sowohl einzeln in den jeweiligen Ebenen als auch gemeinsam und teilweise sogar in der Arbeitssystemebene bearbeitet werden können. Allerdings liegt aufgrund des unterschiedlichen Betrachtungsbereiches der drei Ebenen dann jeweils auch ein anderer Detaillierungsgrad zugrunde. Zur Bedeutung der informatorischen Schnittstellen zwischen Teilaufgaben und Aufgabenbereichen der Produktionsplanung- und -steuerung sowie der entsprechenden Informationsbeziehungen wird auf die ausführliche Darstellung in /20/ verwiesen.

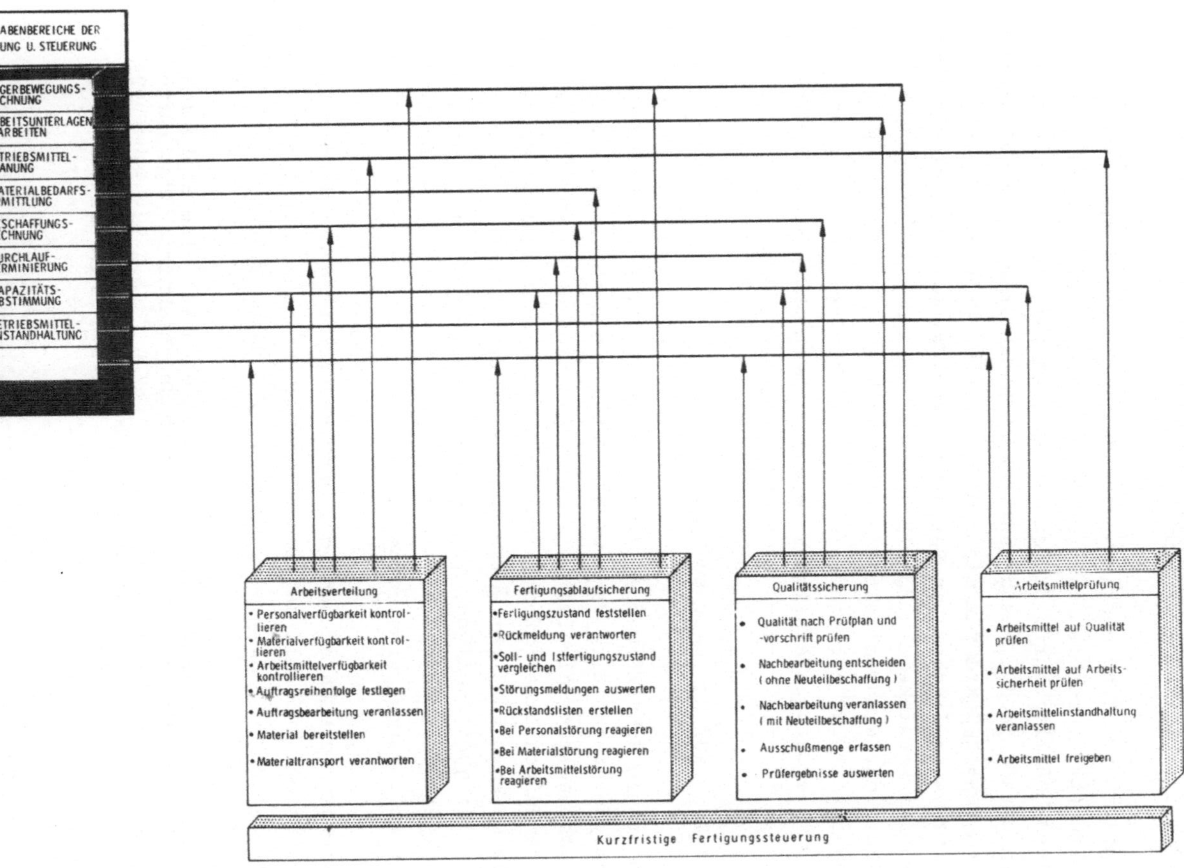

Bild 7: Informationsschnittstellen der Fertigungssteuerung

3.3 Beschreibung ausgewählter Praxisfälle

Eine Untersuchung des Ist-Zustandes technisch-organisatorischer Ablaufstrukturen ist aus folgenden Gründen Voraussetzung für einen Modellentwurf. In der Ist-Analyse wird der Betrachtungsgegenstand in der Ausgangssituation beschrieben. Daraus lassen sich Ansatzpunkte für einen Modellentwurf ableiten. Gleichzeitig wird darüber ein Bezug zwischen der betrieblichen Praxis und dem entwickelten Modell hergestellt und es wird verdeutlicht, daß ein realitätsnahes Modell zur kurzfristigen Fertigungssteuerung entwickelt wird. Weiterhin zeigt das Spektrum der untersuchten Arbeitssysteme die Anwendungsbreite der Lösungen für die kurzfristige Fertigungssteuerung.

3.3.1 Ablauf der Untersuchungen

Im ersten Schritt werden Fragestellungen für die Ist-Zustandsanalyse erarbeitet. Dann werden Untersuchungsbereiche und Beobachtungsmerkmale festgelegt. Im Anschluß daran werden die Daten durch eine Informations- bzw. Tätigkeitsanalyse erhoben. Die Daten werden teilweise mit EDV-Unterstützung, z.B. Daten der Tätigkeitsanalyse, ausgewertet bzw. in Form einer systemanalytischen Vorgehensweise zur Ablaufdarstellung und Ermittlung der Ablaufstrukturen aufbereitet.

Die für diese Untersuchungen entwickelten Fragestellungen sind in Zusammenhang mit ähnlichen Untersuchungsannahmen und Ergebnissen solcher Analysen zu sehen (vgl. dazu /2,3,4,19/):

- In strukturierten Arbeitssystemen ist eine Einbeziehung der Werkstattmitarbeiter in den technisch-organisatorischen Ablauf durch Übernahme von Fertigungssteuerungsaufgaben nur in geringem Umfang festzustellen, d.h. der Entscheidungsspielraum der Werkstattmitarbeiter hat einen sehr begrenzten Umfang.

- Die Aufgabenverteilung zwischen Dispositionsabteilung, Betriebsleitung und Arbeitssystemen ist trotz eines weitgehend übereinstimmenden Ansatzes der Arbeitsstrukturierung unterschiedlich.

Zur Erhebung und Analyse der Daten werden Tätigkeits- und Informationsanalysen durchgeführt /23/. Die Tätigkeitsanalyse liefert Aussagen über Zeitaufwand zur Ausführung, Häufigkeit des Auftretens und gegenseitige Abhängigkeit von Tätigkeiten. Hilfsmittel dazu ist ein Selbstaufschreibungsverfahren, das zur Aufnahme von Steuerungstätigkeiten geeignet ist. Die Daten der Tätigkeitsanalyse werden sowohl mit EDV-Unterstützung durch das Programmpaket SPSS /24/ als auch manuell ausgewertet. Aus den Daten der Informationsanalyse wird in einer systemanalytischen Vorgehensweise die Ablaufstruktur ermittelt /25/. In der Informationsanalyse wird der Zusammenhang zwischen Aufgaben der Fertigungssteuerung und Informationsbedarf durch die Informationsbeziehungen sowie die verwendeten organisatorischen Sachmittel aufgenommen. Als Erhebungsweise wird hier die Interview-Methode gewählt.

Die Untersuchungen werden in sieben Arbeitssystemen durchgeführt, in denen der kurzfristige Bereich der Fertigungssteuerung analysiert wird. Betriebs- und Arbeitssystemprofile sind in Abschnitt 7.2 zu finden. In die Untersuchungen wird zu den Arbeitssystemen auch das Arbeitssystemumfeld einbezogen.

Die zu untersuchenden Sachverhalte sind aus der Definition der Ablauforganisation abgeleitet. Die Ablauforganisation beschreibt die funktionalen und zeitlichen Zusammenhänge von Steuerungsprozessen /26/. Der zeitliche Zusammenhang wird gekennzeichnet durch Zeitpunkt und Zeitdauer der Aufgabendurchführung. Der funktionale Zusammenhang wird beschrieben durch die Zuordnung von Aufgaben zu Organisationseinheiten und die Arbeitsteilung.

Die Vorgehensweise der Untersuchungen beruht auf den in Bild 8 dargestellten Zusammenhängen der Aufgabendurchführung. Aus den Ein- bzw. Ausgabedaten sowie den eingesetzten organisatorischen Hilfsmitteln der Aufgabendurchführung lassen sich die Informationsbeziehungen zwischen den Aufgaben ableiten. Dabei ist auch der zeitliche Zusammenhang zu berücksichtigen. Die zur Durchführung der Aufgaben verwendeten Methoden und Grundlagen werden nicht untersucht, da der Inhalt einer Aufgabe davon unabhängig ist.

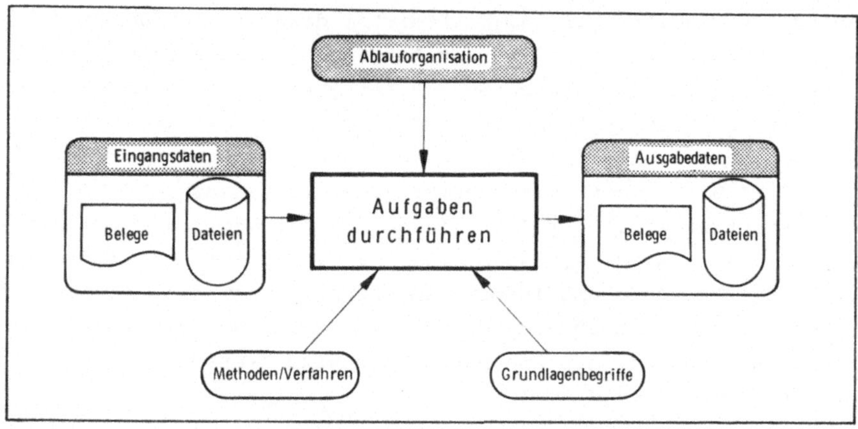

Bild 8: Merkmale der Aufgabendurchführung

3.3.2 Untersuchungsergebnisse

Ein Fertigungssteuerungssystem wird über die Zuordnung von Aufgaben und Aufgabenträgern, die zweckorientierte Verwendung von organisatorischen Sachmitteln und die organisatorischen Regelungen dieses Systems beschrieben. Der Gegenstandsbereich dieser Arbeit, die kurzfristige Fertigungssteuerung, ist ablauforientiert. Es wird betrachtet, wie die Aufgaben zu den vorhandenen Funktionsträgern zugeordnet werden. Diese Merkmale bestimmen daher auch die Darstellung der Untersuchungsergebnisse. Die Einzelaufgaben der kurzfristigen Fertigungssteuerung werden in einer, der jeweiligen Funktionsebene zugeordneten Ablauffolge gezeigt. Damit wird die betriebliche Aufbauorganisation berücksichtigt (Bild 9a und b). Die einzelnen Aufgaben werden miteinander verbunden, um die Funktionsfolgen zu verdeutlichen. Funktion bedeutet in diesem Zusammenhang die Zuordnung von Aufgaben zur Durchführungsebene. Wird eine Aufgabe in mehreren Ebenen durchgeführt, ist der Schwerpunkt durch die

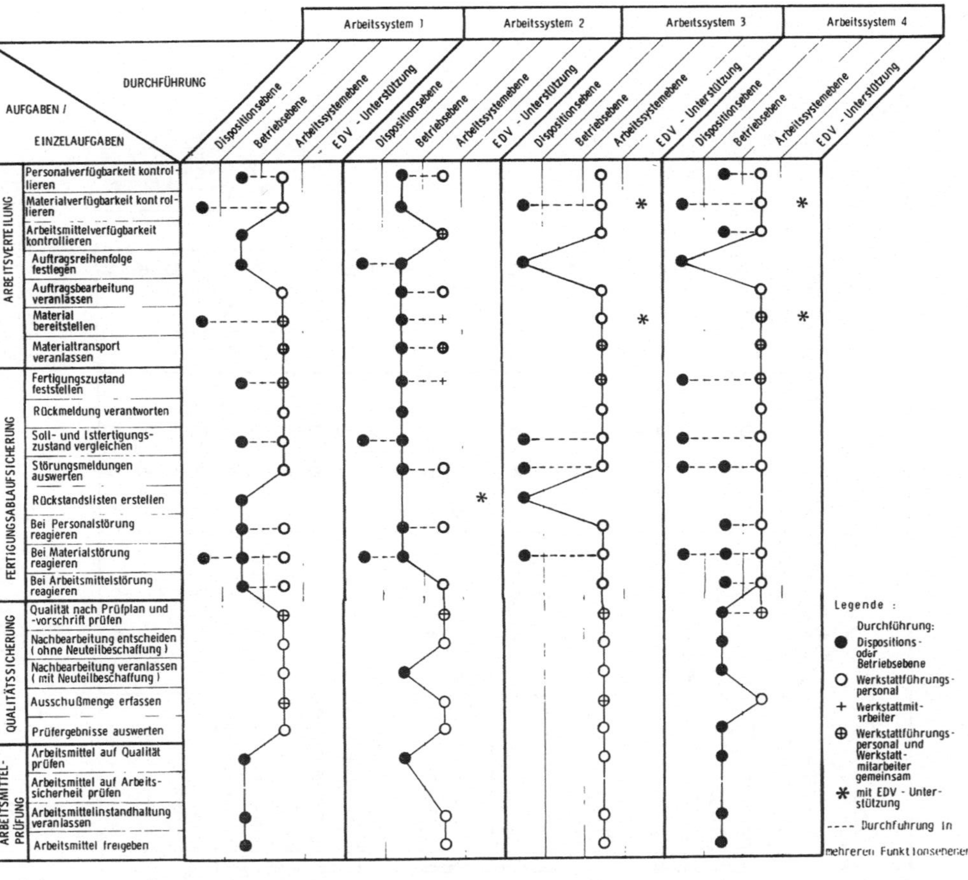

Bild 9a: Aufgabenverteilung in den untersuchten Arbeitssystemen 1 bis 4

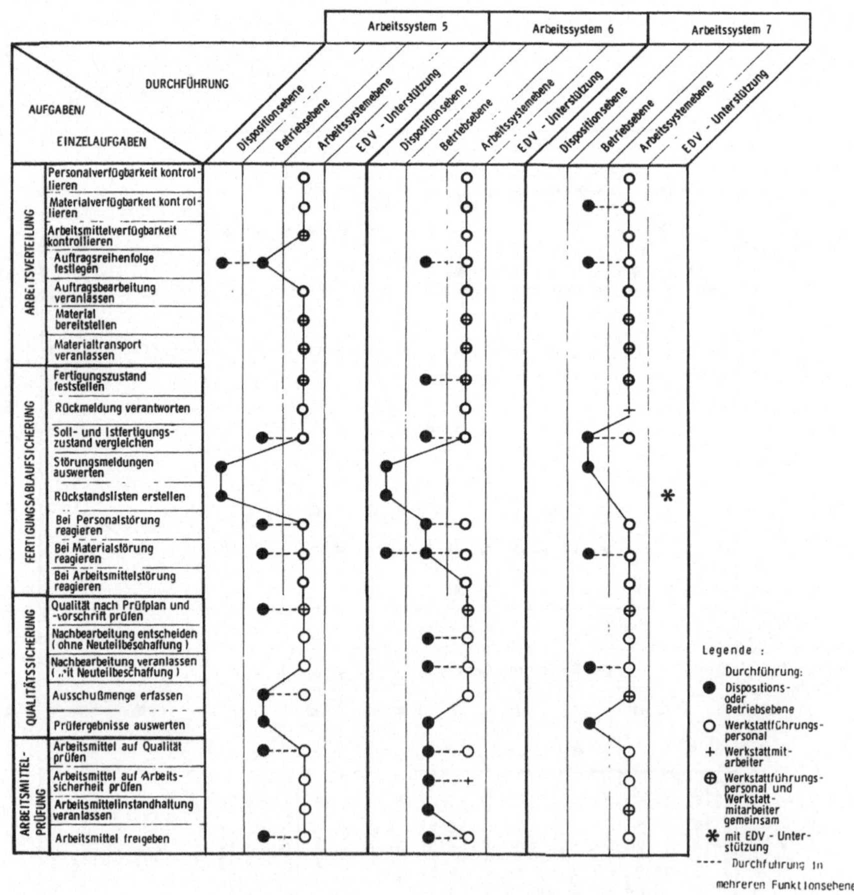

Bild 9b: Aufgabenverteilung in den untersuchten Arbeitssystemen 5 bis 7

Verbindungslinie zwischen den Teilaufgaben gekennzeichnet. Bei gleichmäßiger Aufteilung sind beide Funktionsebenen in der Funktionslinie vorhanden. Die gestrichelte Linie zeigt Funktionsketten auf, die bei der gemeinsamen Durchführung einer Aufgabe in mehreren Ebenen entstehen.

In A r b e i t s s y s t e m 1 werden fast alle Einzelaufgaben in der Arbeitssystemebene ausgeführt. Allerdings werden die Werkstattmitarbeiter nur bei 5 Aufgaben in die Fertigungssteuerung einbezogen. Zu Steuerungsaufgaben werden fast ausschließlich die Betriebsebene und teilweise die Arbeitssystemebene herangezogen. In der Dispositionsebene werden nur in geringem Umfang Aufgaben wahrgenommen. Bei diesem Arbeitssystem ist EDV-Unterstützung nicht vorhanden.

Im Gegensatz zu Arbeitssystem 1 liegt in A r b e i t s - s y s t e m 2 das Schwergewicht der Aufgabendurchführung fast ausschließlich in der Betriebsebene. Die Arbeitssystem- und die Dispositionsebene haben nur einen geringen Anteil an den kurzfristigen Fertigungssteuerungsaufgaben. Allerdings wird die Materialbereitstellung und Feststellung des Fertigungszustands in der Arbeitssystemebene vom Werkstattmitarbeiter abgewickelt. Im Rahmen der Fertigungsablaufsicherung werden Rückstandslisten über EDV erstellt.

Ähnlich wie in Arbeitssystem 1 werden in A r b e i t s - s y s t e m 3 fast alle Aufgaben der Arbeitssystemebene zugeordnet. Dabei ist der Anteil der Werkstattmitarbeiter an der Aufgabendurchführung sehr gering. Die Betriebsebene fehlt vollständig und auch die Dispositionsebene wird nur mit wenigen Aufgaben betraut.

In A r b e i t s s y s t e m 4 liegt der Schwerpunkt der Aufgabenverteilung in der Arbeitssystemebene, wobei allerdings nur wenige Aufgaben von den Werkstattmitarbeitern bearbeitet werden. Auffallend ist der verstärkte Einsatz der Dispositionsebene im Vergleich zur Betriebsebene.

In Arbeitssystem 5 werden die Einzelaufgaben schwerpunktmäßig in der Arbeitssystemebene ausgeführt, wobei die Werkstattmitarbeiter bei 5 Einzelaufgaben beteiligt sind. Die Einbeziehung der Dispositionsebene ist sehr gering. Es gibt keine EDV-Unterstützung für den kurzfristigen Bereich.

Eine ähnliche Aufgabenverteilung wie in Arbeitssystem 5 liegt bei Arbeitssystem 6 vor. Die Betriebsebene hat aber einen etwas größeren Anteil an den Aufgaben insbesondere bei der Arbeitsmittelprüfung. Die Werkstattmitarbeiter werden nur in geringem Umfang mit Steuerungsaufgaben betraut.

Das Arbeitssystem 7 ist sehr stark Arbeitssystemebenen-orientiert. Nur zwei Einzelaufgaben werden vollständig außerhalb dieses Bereiches bearbeitet. Die Werkstattmitarbeiter führen sechs Einzelaufgaben gemeinsam mit dem Werkstattführungspersonal durch. EDV-Unterstützung gibt es zur Erstellung von Rückstandslisten.

Die durchgeführten Strukturierungsmaßnahmen werden in den untersuchten Betrieben mit der Aufteilung der Einzelaufgaben auf Mitarbeiter der Führungsebene abgeschlossen. Eine Übernahme von dispositiven Tätigkeiten durch Werkstattmitarbeiter liegt nur in beschränktem Maße vor. Die Einbeziehung der Werkstattmitarbeiter erfolgt nur bei neun von vierundzwanzig Aufgaben, z.B. Arbeitsmittelverfügbarkeit kontrollieren, Materialbereitstellung, Fertigungszustand feststellen. Diese Aufgaben stellen nur geringe Anforderungen an den Durchführenden und werden oft auch in konventionellen Arbeitssystemen von Werkstattmitarbeitern übernommen. Allerdings ist festzustellen, daß die Aufgaben der kurzfristigen Fertigungssteuerung mit Ausnahme von Arbeitssystem 2 in die Arbeitssystemebene gelegt worden sind.

Die Einbeziehung der Dispositionsebene in kurzfristige Fertigungssteuerungsaufgaben findet in allen Betrieben statt. Sie dient zur Herstellung einer Verbindung zwischen den einzelnen Bereichen der Fertigungssteuerung, um eine Zielerreichung im betrieblichen Gesamtrahmen sicherzustellen. Bei den Aufgaben, die neben der Arbeitssystemebene auch in der Dispositionsebene zu finden sind, handelt es sich z.B. um Materialverfügbarkeit kontrollieren, Auftragsreihenfolge festlegen, Material bereitstellen, Soll- und Istfertigungszustand vergleichen und bei Materialstörungen reagieren. Dies sind Aufgaben, die in Beziehung zu übergeordneten Aufgaben stehen, bzw. arbeitssystemübergreifende Auswirkungen haben, z.B. zu vorgelagerten Bereichen der Teilefertigung. Die übrigen Koordinationsarbeiten werden auf der Betriebsebene vorgenommen.

Der aufgezeigte Umfang des EDV-Einsatzes deutet zum einen auf eine sehr geringe Fremdbestimmung der Werkstattmitarbeiter durch Vorgabedaten von Planung und Steuerung über EDV-Systeme hin. Andererseits bedeutet dies aber auch eine geringe Unterstützung bei der Aufgabendurchführung, insbesondere bei der Entscheidungsfindung, durch die Bereitstellung von Informationen und Steuerungshilfen, die Aufgaben, wie z.B. Auftragsreihenfolgeplanung, erheblich erleichtern können.

Insgesamt ist bei Betrachtung der Untersuchungsergebnisse festzustellen, daß die Anforderungen einer flexiblen Gestaltung der Fertigungssteuerung nur zum Teil erfüllt werden. Während in allen Arbeitssystemen eine geeignete Organisationsstruktur anzutreffen ist und die kurzfristige Fertigungssteuerung schwerpunktmäßig in der Arbeitssystemebene liegt, werden die Werkstattmitarbeiter selbst nur in geringem Umfang in Steuerungsaufgaben einbezogen. Dadurch wird das Erfahrungspotential der Werkstattmitarbeiter und ihr direkter Bezug zum Fertigungsprozeß im Arbeitssystem nicht genutzt. Eine Selbststeuerung der Arbeitssysteme wird nicht praktiziert. Daher wird in den untersuchten Arbeitssystemen die technische Flexibilität durch eine fehlende bzw. ungenügende organisatorische Flexibilität eingeschränkt. Damit zeigen die Ergebnisse der Praxisuntersuchungen, daß zur Erzielung einer höheren technischen Flexibilität ein entsprechend flexibles Fertigungssteuerungssystem zu entwickeln ist.

4 ABLEITUNG EINER MODELLVORSTELLUNG ZUR KURZFRISTIGEN FERTIGUNGSSTEUERUNG

Für die Modellvorstellung zur kurzfristigen Fertigungssteuerung werden im folgenden Kapitel Erkenntnisse aus der Systemtechnik herangezogen, die in /27,28,29/ ausführlich beschrieben sind. Es wird auf umfassende Begriffserläuterungen verzichtet, da die verwendeten Begriffe im Sinne der oben zitierten Grundlagenarbeiten zu verstehen sind.

4.1 Theoretische Grundlagen

Die Modellvorstellung beschreibt eine Struktur des abzubildenden Bereichs der kurzfristigen Fertigungssteuerung. Die Struktur gibt die Form des Aufbaus durch die Verknüpfungen zwischen den Modellelementen wieder. Die Elemente dieser Modellvorstellung sind Funktionen der kurzfristigen Fertigungssteuerung, die weiter in Aufgaben bzw. Einzelaufgaben zerlegt werden. Die Verbindungen zwischen den Elementen werden durch Informationsflüsse hergestellt. Der Informationsfluß besteht aus den Ein-/Ausgabedaten der Elemente. Durch die Informationsflüsse und durch die Funktionen sind die Merkmale der Modellvorstellung festgelegt. Die beobachtbaren Ausprägungen dieser Merkmale sind z.B. Inhalt der Aufgaben, Anzahl der Informationen, Genauigkeitsgrad der Informationen.

Die Modellvorstellung wird stufenweise entwickelt und beginnt mit einem groben Ausgangszustand. Diese stufenweise Annäherung an den gewünschten Feinheitsgrad begrenzt den jeweiligen Gegenstandsbereich und verbessert damit die Anschaulichkeit der Modellvorstellung. Bei diesem Vorgehen kann es notwendig werden, von einer niedrigen Stufe auf eine relativ dazu höhere Stufe zurückzugehen, um erkannte Änderungen auch in der Struktur der höheren Stufe zu berücksichtigen. Als weitere Grundlage wird die Funktion der zu entwickelnden Modellvorstellung bestimmt (vgl. dazu /30/).

Die in dieser Arbeit entwickelte Modellvorstellung bezieht sich auf flexible Arbeitssysteme, die heute in Teilefertigung und Montage bereits eingeführt sind, und hat damit einen definierten Bezug zur betrieblichen Praxis. Da die Modellvorstellung die Vorbereitung, Durchführung und Überwachung der Steuerung unterstützt, wird die Funktion eines Steuerungsmodells angenommen (Bild 10). Das Steuerungsmodell ist ein Instrument zur kurzfristigen Fertigungssteuerung, das einen Steuerungsalgorithmus enthält. Mit der Darstellung in Bild 10 wird gleichzeitig die erste Modellstufe festgelegt.

Die Modellvorstellung wird vom Fertigungsprozeß in den flexiblen Arbeitssystemen, dem übergeordneten technisch-organisatorischen Ablauf und dem kurzfristigen Fertigungssteuerungsprozeß beeinflußt. Diese Einflüsse werden u.a. vom Organisationstyp des Fertigungsprozesses, vom Aufbaumodell und von der Ablauforganisation der kurzfristigen Fertigungssteuerung bestimmt. Auf diese Einflußgrößen wird im folgenden Abschnitt näher eingegangen.

4.2 Diskussion der Bestimmungsgrößen einer flexiblen kurzfristigen Fertigungssteuerung

4.2.1 Analyse des Fertigungsprozesses

Der Fertigungsprozeß ist der Teil der Produktion, in dem Erzeugnisse, Baugruppen und Teile hergestellt werden. Im Fertigungsprozeß werden materielle Eingangsgrößen, wie Rohmaterial, Teile, Baugruppen usw., durch Tätigkeiten von Mitarbeitern und Fertigungseinrichtungen verändert. Die Modellvorstellung "Fertigungsprozeß ist in Bild 11 in Anlehnung an das Komponentenmodell nach /31/ dargestellt. Die Arbeitsaufgabe beschreibt darin die Zielvorgabe für das Zusammenwirken von Mensch und Sachmitteln bezüglich des Arbeitsobjektes /32/. Sachmittel sind alle Maschinen, Werkzeuge, Geräte, DV-Anlagen, Einrichtungen und Hilfsmittel usw., die der Aufgabenlösung dienen.

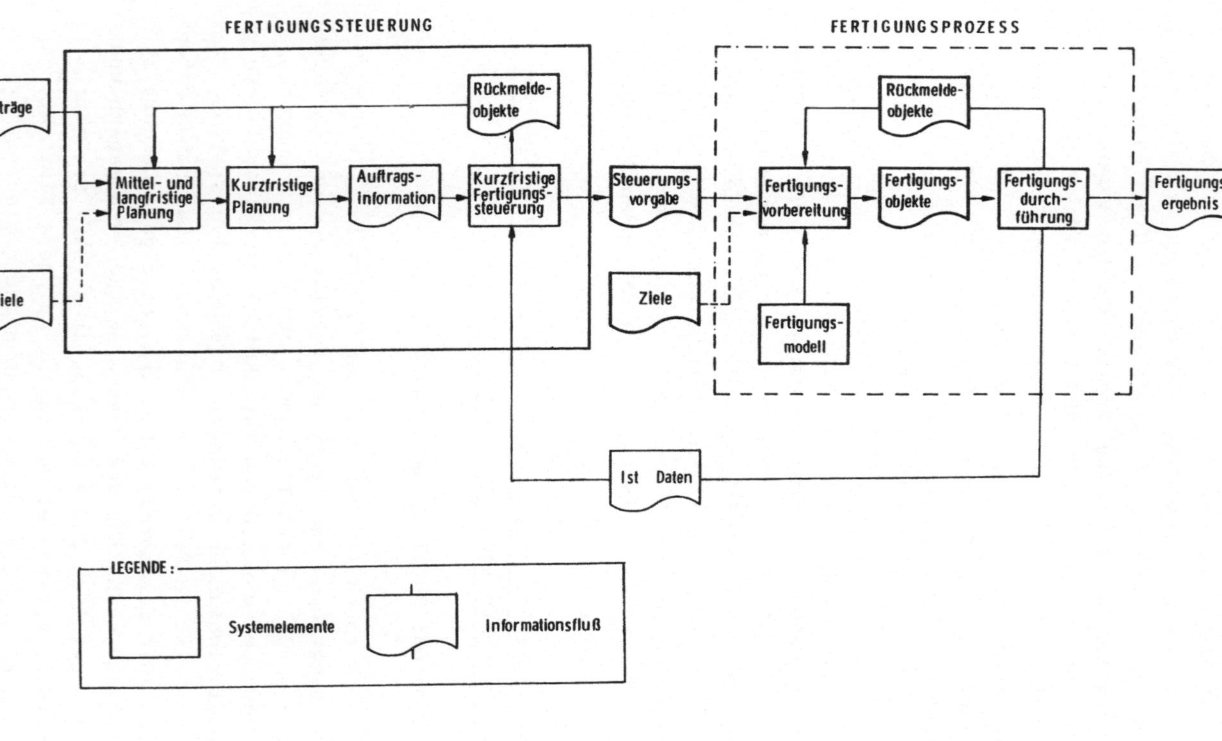

Bild 10: Fertigungssteuerung und Fertigungsprozeß als Informationsflußmodell (Modellstufe 1)

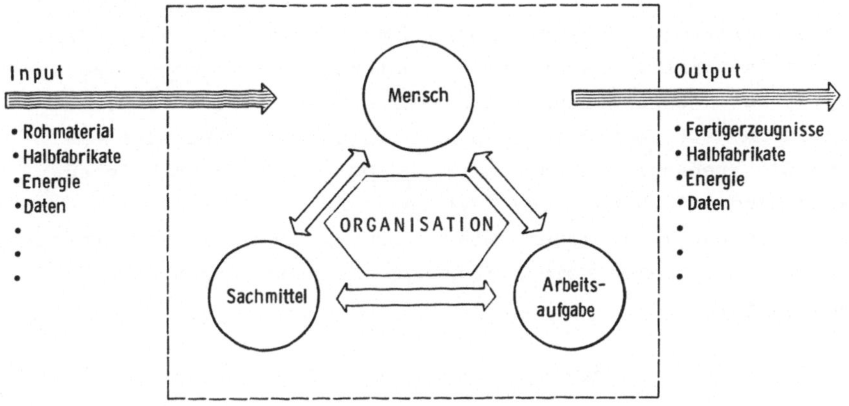

Bild 11: Modellvorstellung zum Fertigungsprozeß

Der Fertigungsprozeß in flexiblen Arbeitssystemen wird bestimmt durch eine weitgehende Entkopplung der Werkstattmitarbeiter vom Zwangslauf des technischen Prozesses. Damit wird eine Arbeitsbereicherung durch selbstbestimmten Arbeitsplatzwechsel, die Übernahme dispositiver und administrativer Tätigkeiten möglich. Der Werkstattmitarbeiter erhält eine erweiterte Verantwortung hinsichtlich Arbeitsablauf und Arbeitsergebnis. Die bisher meist übliche Arbeitsteilung, die nur einen engen Handlungsspielraum einräumte, wird aufgehoben.

Flexible Produktionsbedingungen werden zum einen durch die Gestaltung des Fertigungsprozesses und zum anderen durch die Organisation der Steuerung bestimmt. Wenn fertigungsprozeß- und fertigungssteuerungs-bezogene Aufgaben nicht mehr von verschiedenen Funktionsträgern im Werkstattbereich, sondern von demselben Werkstattmitarbeiter durchgeführt werden, muß die Arbeitsorganisation angepaßt werden. Dazu sind die Beziehungen zwischen Mensch und Arbeitsaufgabe bzw. zum betrieblichen Umfeld zu verändern, um die zielorientierte Ordnung zwischen diesen Elementen neu festzulegen. Diese Ordnung besteht sowohl aus

Führungsfunktionen, die Planen, Gestalten und Steuern beinhalten, als auch aus Durchführungsfunktionen. Beispiele für Führungsfunktionen im Fertigungsprozeß, die arbeitsbegleitend und arbeitsvorbereitend sein können, sind Fertigungsplanung, Personalplanung, Fertigungssteuerung, Materialsteuerung usw. Beispiele für Durchführungsfunktionen sind Drehen, Fräsen, Bohren, Montieren usw. Im Fertigungsprozeß flexibler Arbeitssysteme wird die Trennung von Führungs- und Durchführungsfunktionen weitgehend aufgehoben. Das Taylorsche Prinzip der Arbeitsteilung wird nur in geringem Umfang verwirklicht. Die Werkstattmitarbeiter übernehmen sowohl Führungs- als auch Durchführungsfunktionen.

4.2.2 Analyse des technisch-organisatorischen Ablaufs

Die Modellvorstellung der kurzfristigen Fertigungssteuerung wird vom Aufbau der Fertigungssteuerung und vom Ablauf der Aufgabendurchführung beeinflußt. Dies wird im folgenden *aufgabenbezogen* an einem Beispiel aus der Teilefertigung und *aufbaubezogen* an einem Beispiel aus der Montage erläutert.

Die Aufgabendurchführung ist abhängig von den Vorgaben der übergeordneten Fertigungssteuerung und den aktuellen Informationen über den Zustand des Fertigungsprozesses. Aus dem Zusammenwirken von kurzfristiger Fertigungssteuerung und Fertigungsprozeß lassen sich Möglichkeiten für eine Gestaltung ableiten, bei der die Werkstattmitarbeiter selbst den Ablauf steuern und überwachen. Diese Beziehungen werden an einem Beispiel nach /20/ für die Teilefertigung in Bild 12 aufgezeigt. Der Fertigungsprozeß wird von der Fertigungssteuerungsaufgabe Arbeitsverteilung (AV) angestoßen, in dem ein Fertigungsauftrag dem Arbeitssystem zugewiesen wird. Daraufhin laufen die Fertigungsaufgaben Bestücken/Rüsten von Fertigungseinrichtungen, Einstellen und Vorkontrolle ab. Zugleich mit dem Bestücken wird der Rüstbeginn (Arbeitsbeginn) bzw. mit der Vorkontrolle wird das Rüstende (Arbeitsende) zur Fertigungsablaufsicherung (FA) gemeldet. Die Maschinenbedienung beginnt mit der Beschickung,

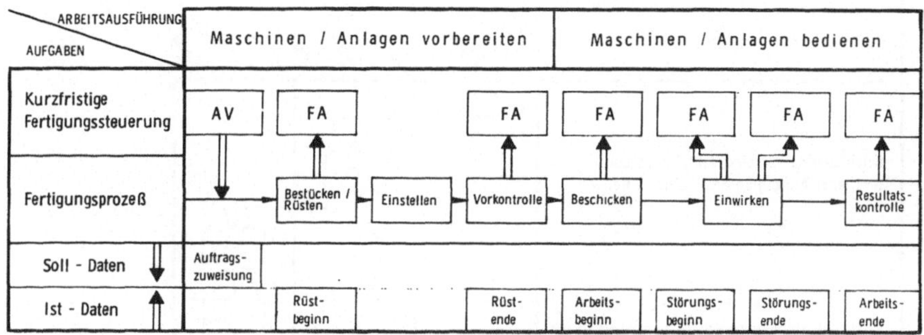

Bild 12: Beispiel zum Fertigungssteuerungsablauf in der Teilefertigung

die als Arbeitsbeginn rückgemeldet wird. Es schließen sich die Aufgaben Einwirken und Zwischen- bzw. Endkontrolle an, über die ebenfalls Informationen zur Fertigungsablaufsicherung rückgemeldet werden.

Bild 13 zeigt ein Beispiel für aufbaubezogenen Zusammenhang der Fertigungssteuerungsaufgaben, in dem die Aufgaben den Funktionsebenen zugeordnet werden. Im Rahmen der veränderten Arbeitsorganisation erhalten die Werkstattmitarbeiter Steuerungsinformationen aus den übergeordneten Funktionsebenen. Die gestrichelten Informationsflüsse deuten mögliche Informationsbeziehungen zur übergeordneten Betriebs- bzw. Dispositionsebene an, die bei bereichsübergreifenden Entscheidungen anfallen.

4.3 Informationsflußsystem der kurzfristigen Fertigungssteuerung

Mit den vier Aufgaben Arbeitsverteilung, Fertigungsablaufsicherung, Quantitätssicherung und Arbeitsmittelprüfung werden Vorbereitung, Durchführung und Überwachung der Fertigungssteuerung aus Bild 8 weiter detailliert. Diese Aufgaben sind mit ihren In-

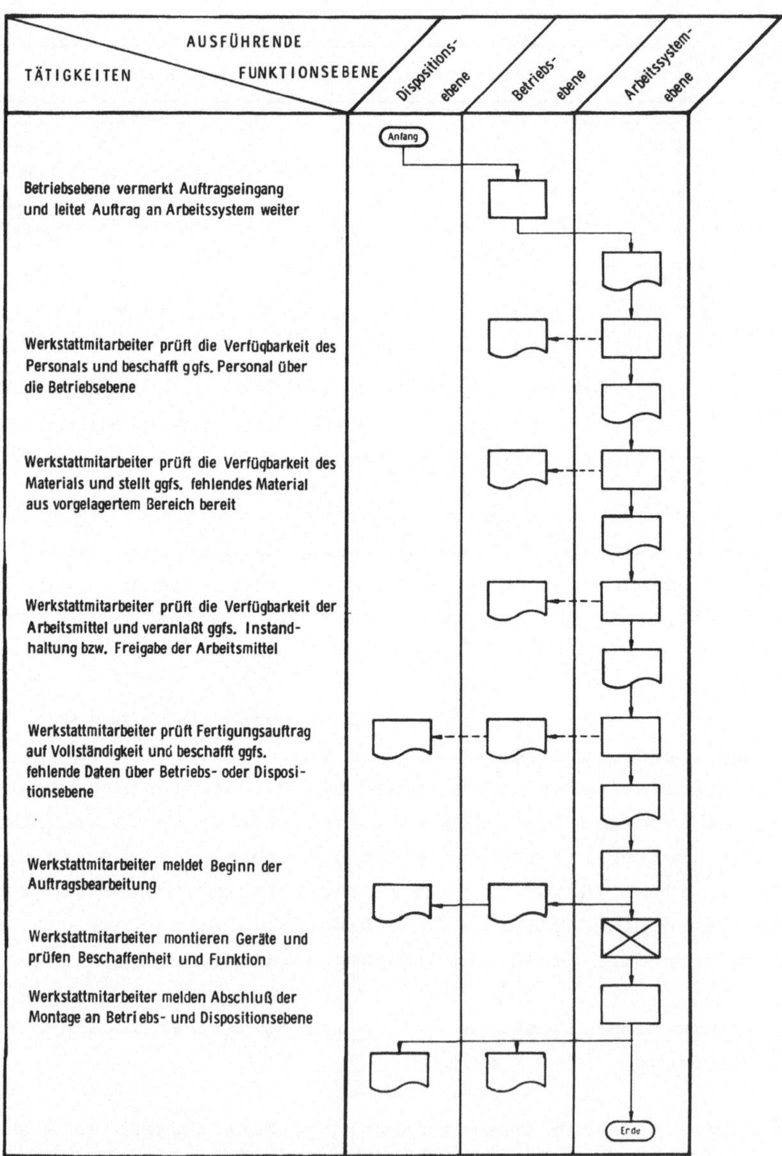

Bild 13: Beispiel zum ablauforganisatorischen Zusammenhang in der Montage bei Funktionsebenengliederung

formationsflüssen in Bild 14 zusammengestellt. Ausgehend von der Auftrags- und Zielvorgabe werden im vorbereitenden Teil der Arbeitsverteilung die Daten zur Verfügbarkeit von Personal, Material und Arbeitsmittel festgestellt. Im durchführenden Teil der Arbeitsverteilung wird die Auftragsreihenfolge festgelegt und an den Fertigungsprozeß weitergeleitet. Daneben werden diese Einplanungsdaten für die Fertigungseinheiten an die Fertigungsablaufsicherung übermittelt. Die Fertigungsablaufsicherung selektiert aus den Rückmeldedaten des Fertigungsprozesses Ist-Daten, die zur Vorbereitung der Arbeitsverteilung verwendet werden, und Reaktionsdaten, die zur Auftragseinplanung verarbeitet werden. Als weitere Aufgaben gehören die Qualitätsicherung und die Arbeitsmittelprüfung zur Überwachung, die untereinander bzw. mit dem Fertigungsprozeß durch Informationsbeziehungen verbunden sind.

4.4 Zerlegung der kurzfristigen Fertigungssteuerung in Einzelaufgaben

4.4.1 Informationsflußsystem der Einzelaufgaben der Arbeitsverteilung

Voraussetzung für die Verteilung von Aufträgen auf die Fertigungseinrichtungen ist die Festlegung der Auftragsreihenfolge (AV 4). Daher nimmt diese Einzelaufgabe eine zentrale Stellung innerhalb der Arbeitsverteilung ein. Unter Berücksichtigung von Auftragsprioritäten, Personal- und Arbeitsmittelkapazität, Materialbestand, Rüstzeiten und Kapitalbindung ist für die anstehenden Aufträge die Bearbeitungsreihenfolge je Planungsbasis festzulegen. Planungsbasis kann der einzelne Arbeitsplatz oder aber auch das ganze Arbeitssystem sein. Die Informationsbeziehungen zu den anderen Einzelaufgaben der Arbeitsverteilung (AV 1 - AV 7) und die Schnittstellen zu den übrigen Aufgaben der kurzfristigen Fertigungssteuerung und zum Fertigungsprozeß sind in Bild 15 dargestellt.

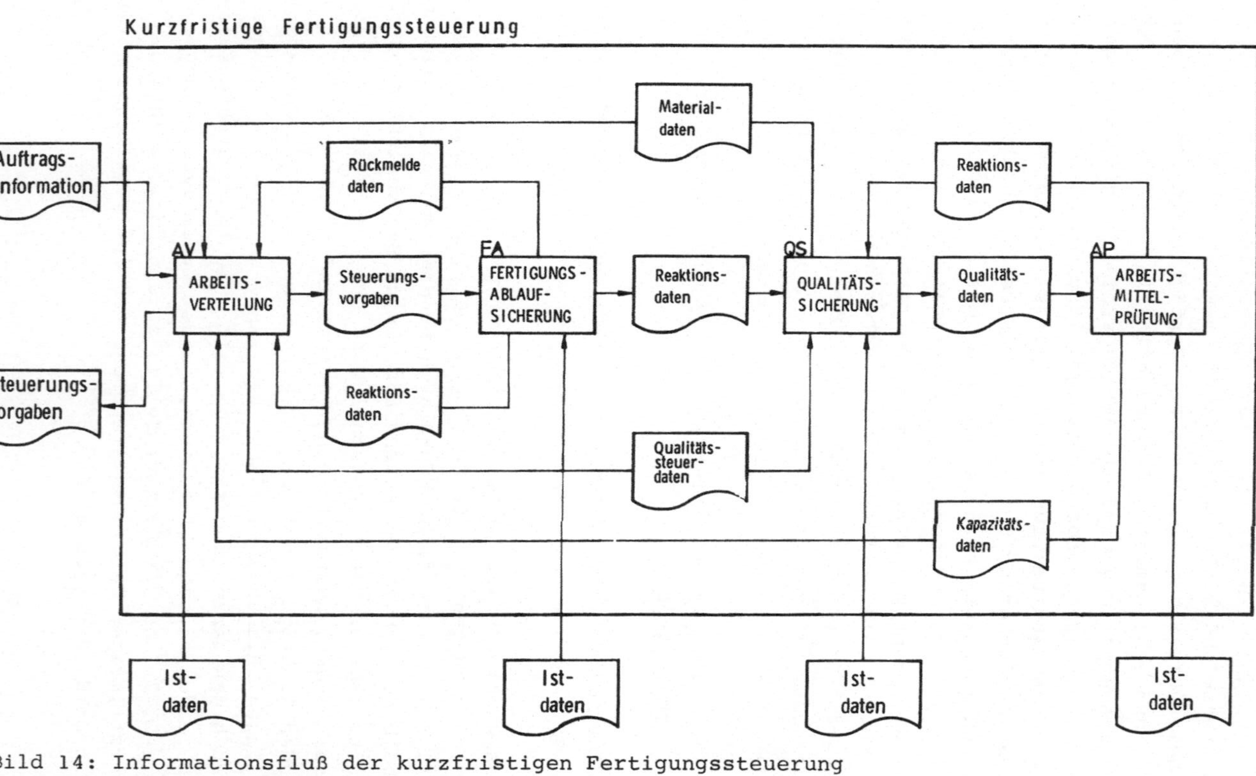

Bild 14: Informationsfluß der kurzfristigen Fertigungssteuerung
(Modellstufe 2)

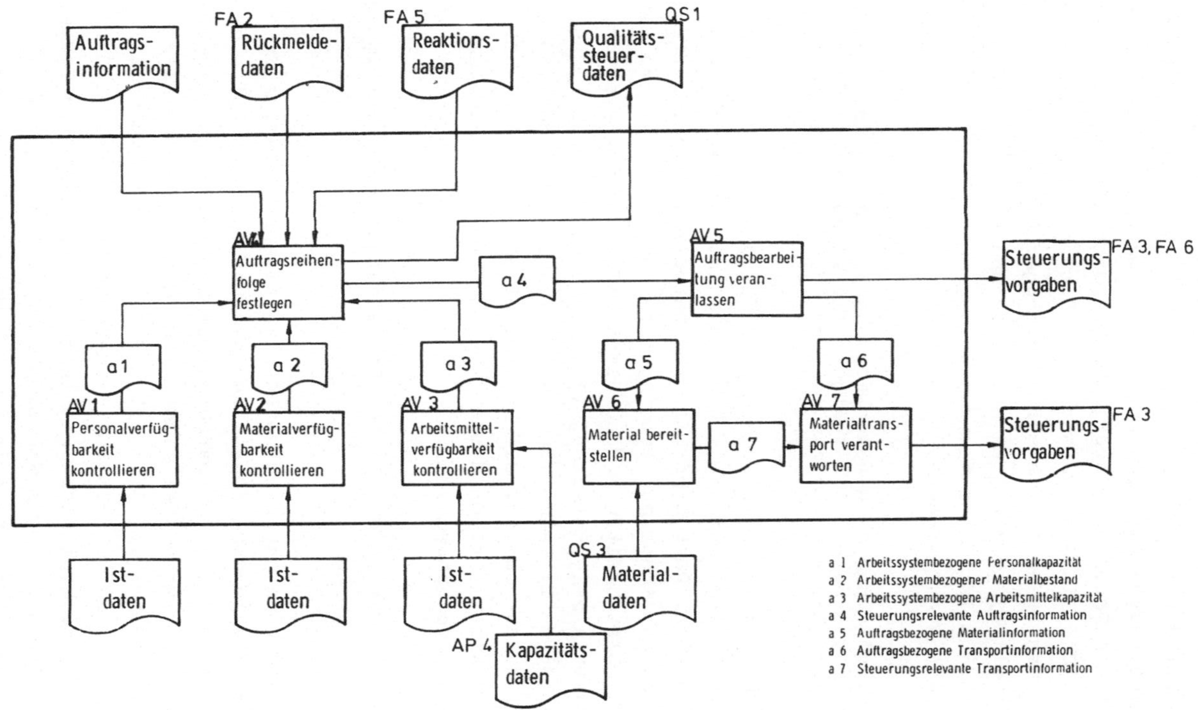

Bild 15: Informationsflußsystem der Arbeitsverteilung

Die Struktur der Informationsbeziehungen beruht auf folgenden Überlegungen: Der Funktionsablauf der Arbeitsverteilung beginnt mit der Auftragsvorgabe für die Einzelaufgabe AV 4. Zur Festlegung der Auftragsreihenfolge müssen Informationen über die Verfügbarkeit von Personal, Material und Arbeitsmittel vorliegen (AV 1,2,3). Die Einzelaufgaben AV 1,2,3 müssen daher bezogen auf die vorgegebenen Auftragsdaten durchgeführt werden. Dazu ist die arbeitssystembezogene Material- und Kapazitätssituation zu erzeugen. Es ist daher festzustellen, ob zum geplanten Startzeitpunkt eines Auftrages

1. das zur Bedienung notwendige Personal vorhanden ist (AV 1)
2. das benötigte Material bereitgestellt werden kann (AV 2)
3. die erforderlichen Arbeitsmittel zur Verfügung stehen (AV 3).

Darauf aufbauend kann die Reihenfolge für die Bearbeitung der Aufträge festgelegt und die eigentliche Auftragsbearbeitung veranlaßt werden. Dazu sind die zur Bearbeitung eines Auftrages vorgesehenen Arbeitsbelege termingerecht an das Arbeitssystem vorzugeben. Gleichzeitig werden damit Informationen erzeugt, die die Materialbereitstellung (AV 6) und den Materialtransport (AV 7) anstoßen. Im Rahmen der Materialbereitstellung wird sichergestellt, daß das zur Bearbeitung eines Auftrages benötigte Material in der richtigen Menge, zur richtigen Zeit und am richtigen Ort vorhanden ist.

4.4.2 Informationsflußsystem der Einzelaufgaben der Fertigungsablaufsicherung

Als Eingangsgrößen zur Fertigungsablaufsicherung liegen im Arbeitssystem die Informationen über die vorgegebenen Aufträge vor (vgl. dazu Bild 16). Unabhängig davon, ob der Auftrag bereits bearbeitet wird oder nicht, kann der Fertigungszustand festgestellt werden (FA 1). Soll der Fertigungsfortschritt ermittelt werden, so ist ein Soll-Ist-Vergleich im Rahmen der Aufgabe FA 3 durchzuführen. Die weiteren Überwachungsaufgaben FA 2,4,5 ergeben sich als Reaktion auf die Einzelaufgabe FA 1 bzw. FA 3. Der Fertigungsablauf wird über die Einzelaufgaben

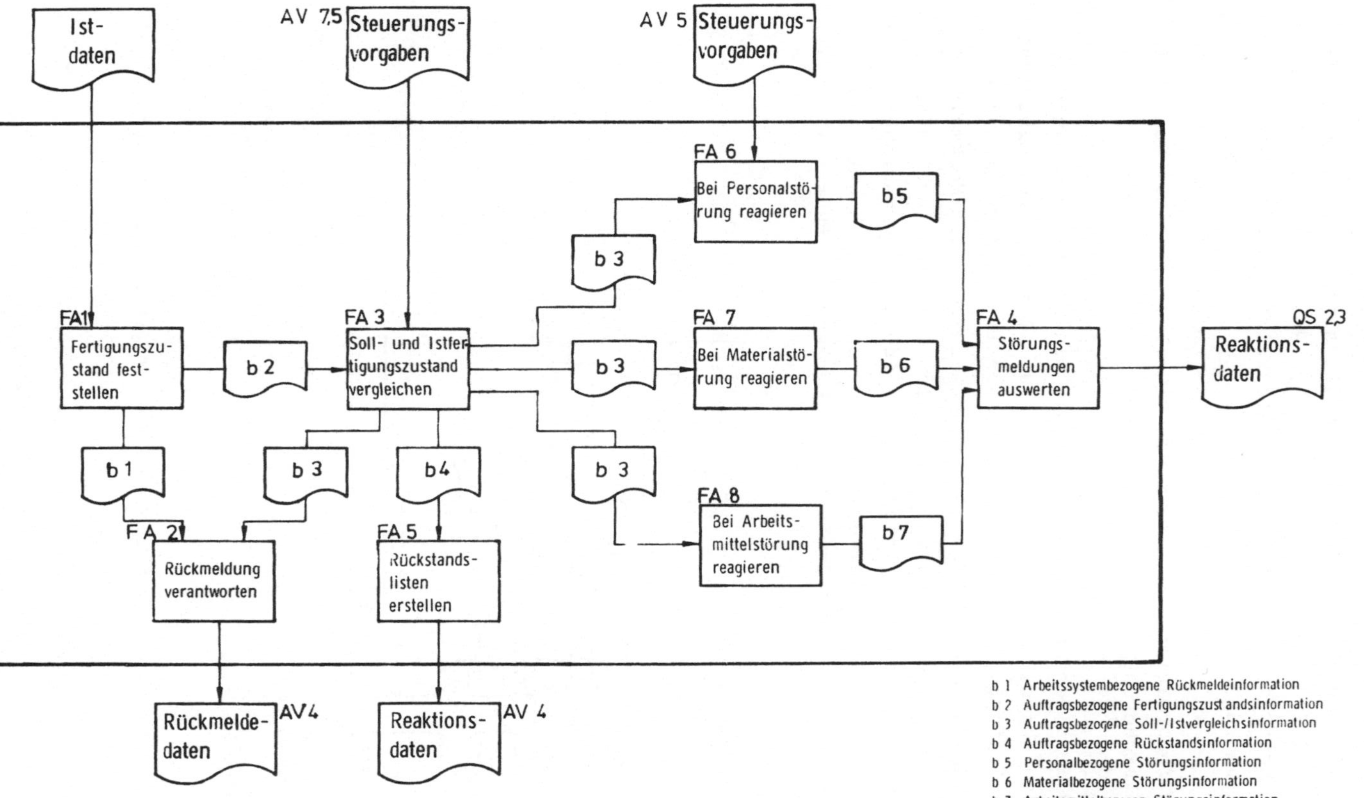

Bild 16: Informationsflußsystem der Fertigungsablaufsicherung

FA 6,7,8 abgesichert. Im Störungsfall sind aufgrund der Ist- bzw. Soll-Informationen entsprechende Reaktionen für den Personal-, Material- oder Arbeitsmittelbereich abzuleiten und in den Fertigungsprozeß umzusetzen.

4.4.3 Informationsflußsystem der Einzelaufgaben der Qualitätssicherung

Zur Qualitätssicherung ist zunächst eine Qualitätsprüfung (QS 1) durchzuführen, die die Grundlagen für alle weiteren Einzelaufgaben liefert. Aus diesen Ergebnissen lassen sich die Entscheidungen in QS 2 bzw. QS 3 ableiten sowie die Merkmalsausprägungen für QS 4 und QS 5 gewinnen. Aus den Einzelaufgaben QS 3,4,5 ergeben sich Informationen für das übergeordnete Planungssystem, die sowohl auftragsbezogen als auch auftragsneutral sein können und damit zu Plankorrekturen führen (Bild 17).

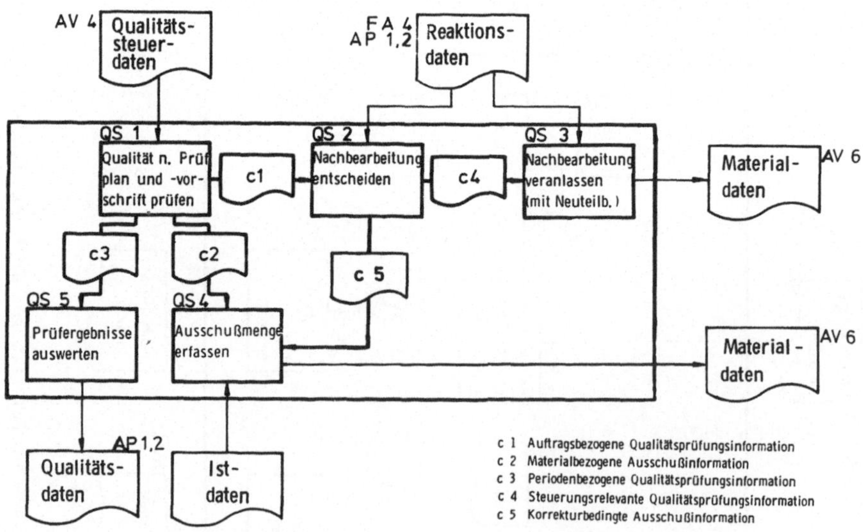

Bild 17: Informationsflußsystem der Qualitätssicherung

4.4.4 Informationsflußsystem der Einzelaufgaben der Arbeitsmittelprüfung

Die Auftragsvorgabe zur Prüfung der Arbeitsmittel ergibt sich aus den Überwachungsfunktionen der Fertigungssteuerung. Es werden Qualitätsprüfung und Arbeitsmittelsicherheitsprüfung unterschieden. Treten Mängel auf, so ist die Instandhaltung der betroffenen Arbeitsmittel zu veranlassen und anschließend die Freigabe für die Fertigung zu erteilen (Bild 18).

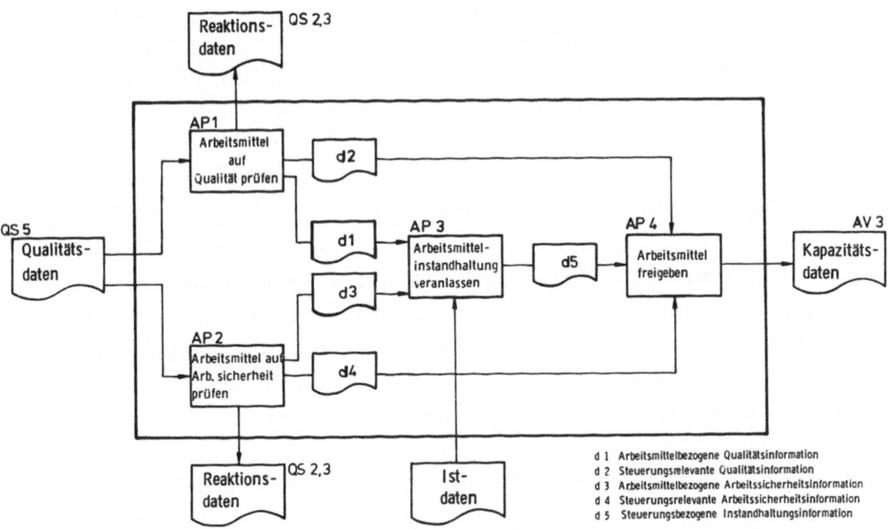

Bild 18: Informationsflußsystem der Arbeitsmittelprüfung

4.4.5 Entwicklung einer Verknüpfungsmatrix der Einzelaufgaben

Eine Möglichkeit Einzelaufgaben der kurzfristigen Fertigungssteuerung zu gruppieren bieten die logischen Verknüpfungen, die sich aus der Durchführung der Aufgaben ergeben. Dabei werden sowohl sachliche als auch zeitliche Abhängigkeiten berücksichtigt. Eine andere Gruppierung läßt sich z.B. aus den qualifikatorischen Anforderungen ableiten (vgl. hierzu /19/).

Basierend auf der Analyse der kurzfristigen Fertigungssteuerung in Abschnitt 3.3.2 entsteht die Kombinationsmatrix in Bild 19. Die Aufgabenverknüpfungen zeigen, daß es nur wenige Fälle gibt, in denen Einzelaufgaben isoliert stehen. Überwiegend bilden sich Blöcke von Einzelaufgaben mit starkem informationellem Zusammenhang.

Diese Ergebnisse werden auch durch eine Cluster-Analyse der Einzelaufgaben bestätigt. Zu dieser Analyse wurde ein Datenkatalog für die 24 Einzelaufgaben aufgestellt, der sich aus den jeweils benötigten Eingabedaten zusammensetzt. Insgesamt wurden 59 Datenelemente zur Klassifizierung der Einzelaufgaben herangezogen. Die Auswertung erfolgte nach dem Verfahren der hierarchischen Clusteranalyse nach /33/. Die Ergebnisse finden sich in Abschnitt 7.3.

4.5 Zielsystem der kurzfristigen Fertigungssteuerung

Da mit der Entwicklung eines Modells zur kurzfristigen Fertigungssteuerung anwendungsspezifische Ziele erreicht werden sollen, ist neben der Modellentwicklung auch ein Zielsystem aufzustellen. Damit werden Bewertungskriterien definiert, an denen später die Zielerreichung überprüft werden kann.

Ziele sind dabei als Beschreibung von Zuständen anzusehen, die vom Aufgabenträger angestrebt bzw. als Endzustand der Aufgabenlösung vorgegeben werden. Die speziellen Ziele für die kurzfristige Fertigungssteuerung bei gruppenorientierten Arbeitssystemen werden hier in einen allgemeinen Zielkatalog der Fertigungssteuerung eingeordnet, der in /34/ ausführlich beschrieben ist.

Die Ziele der Unternehmungen lassen sich in Sach- und Formalziele aufteilen. Bei den Sachzielen steht der Fertigungsprozeß und das Fertigungsergebnis im Vordergrund. Es kann z.B. in einer Zeiteinheit die zu erzeugende Produktmenge als Ziel vorgegeben werden. Abstrahiert man vom Fertigungsprozeß und betrachtet den Wertefluß und das wertmäßige Ergebnis des Ferti-

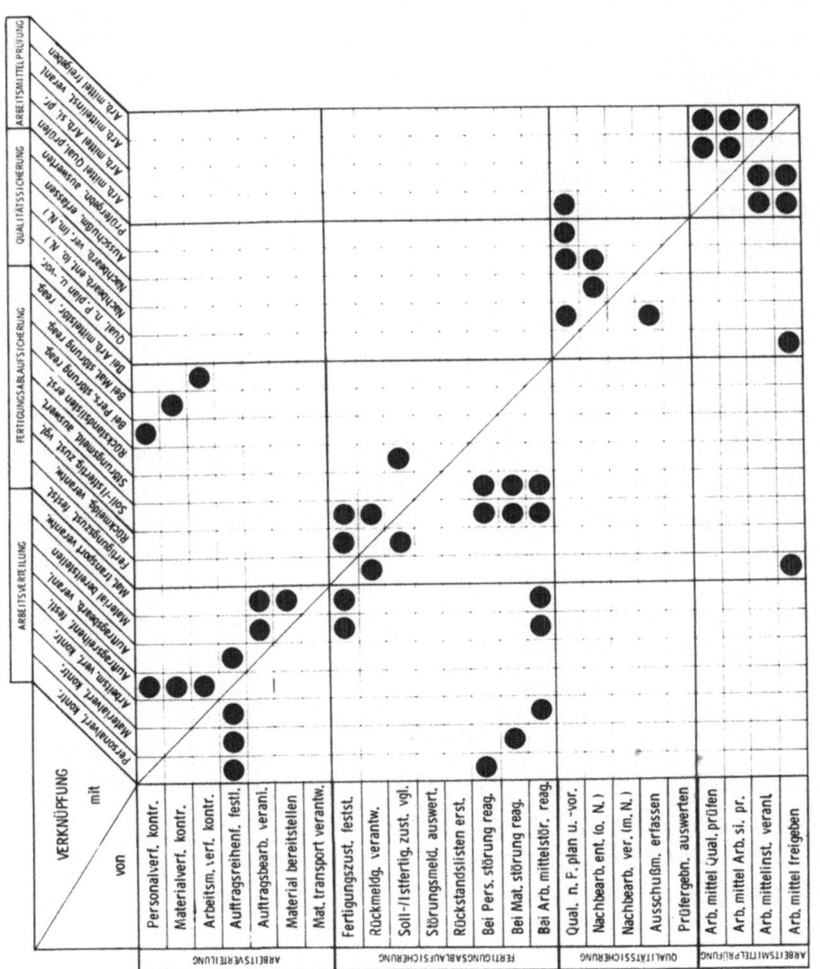

Bild 19: Kombinationsmatrix der Einzelaufgaben (in Anlehnung an /18/)

gungsprozesses, werden Formalziele angegeben. In diesem Sinne kann z.B. die Maximierung der Produktivität oder eine Verbesserung der Motivation der Werkstattmitarbeiter als Ziel verfolgt werden.

Konkretisiert man die unternehmensbezogenen Sachziele auf den Fertigungssteuerungsbereich, so läßt sich als allgemeines Ziel die Sicherstellung der Produktion angeben. Dazu gehören z.B. die Schaffung organisatorischer Regelungen für die Auftragsabwicklung und den Arbeitsablauf, die Verbesserung der Bereitstellung von Informationen über den Fertigungsprozeß sowie auch eine erweiterte Einbeziehung von Werkstattmitarbeitern in Steuerungsabläufe.

Als unternehmensbezogene Formalziele gibt es Zielelemente, die die Minimierung der entscheidungsrelevanten Kosten beeinflussen. Unter entscheidungsrelevanten Kosten werden dabei die Kosten, die sich durch die Anwendung verschiedener alternativer Systeme unterschiedlich auswirken, verstanden. Aufgaben der Fertigungssteuerung können sich bei entsprechender Zielsetzung z.B. auf Kapitalbindungskosten, Leerkosten der Kapazitätseinheiten, Stückkosten auswirken.

Eine funktionsbezogene Untersuchung der Ziele liefert als Sachziel die Aufgabenerfüllung und als Formalziel ebenfalls die Minimierung der entscheidungsrelevanten Kosten. Zu diesen Sachzielen gehört z.B. die Erfüllung der Aufgaben zur Auftragssteuerung. Als Formalziel für diesen Bereich sind z.B. die Erhöhung der Aktualität der Entscheidungshilfen, die Verbesserung der Güte der Mengen- und Terminkontrolle und die Auslagerung repetitiver Tätigkeiten zu nennen. Die Verknüpfungen zwischen den allgemeinen Zielen der Fertigungssteuerung und den speziellen Zielen bei flexiblen Arbeitssystemen zeigt Bild 20.

Die in Kapitel 4 aufgezeigten Informationsflußsysteme der Modellstufen 1 - 3 stellen den ablauforganisatorischen Zusammenhang der kurzfristigen Fertigungssteuerung dar. Die Umsetzung in ein praktikables System wird erst durch eine vollständige Beschreibung des Aufgabenlösungsprozesses der Einzelaufgaben möglich, die in Form von Algorithmen in Kapitel 5 erfolgt.

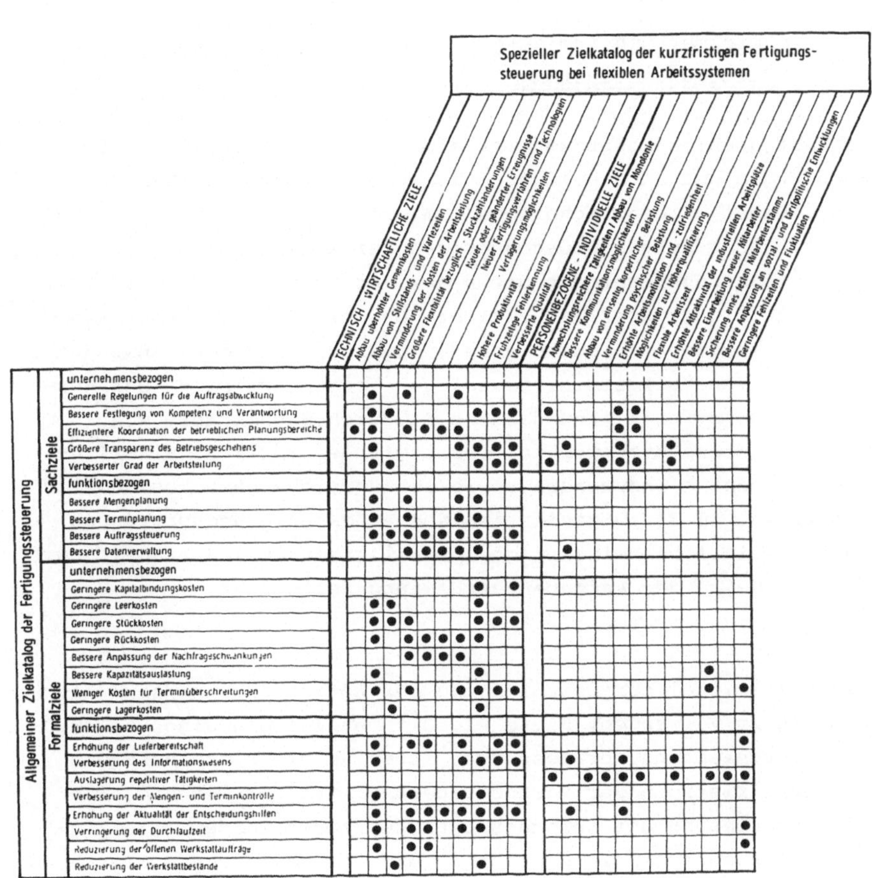

Allgemeiner Zielkatalog der Fertigungssteuerung	TECHNISCH - WIRTSCHAFTLICHE ZIELE	Abbau überhöhter Gemeinkosten	Abbau von Stillstands- und Wartezeiten	Verminderung der Kosten der Arbeitsteilung	Größere Flexibilität bezüglich · Stückzahländerungen	· Neuer oder geänderter Erzeugnisse	· Neuer Fertigungsverfahren und Technologien	· Verlagerungsmöglichkeiten	Höhere Produktivität	Frühzeitige Fehlerkennung	Verbesserte Qualität	PERSONENBEZOGENE - INDIVIDUELLE ZIELE	Abwechslungsreichere Tätigkeiten / Abbau von Monotonie	Bessere Kommunikationsmöglichkeiten	Abbau von einseitig körperlicher Belastung	Verminderung psychischer Belastung	Erhöhte Arbeitsmotivation und -zufriedenheit	Möglichkeiten zur Höherqualifizierung	Flexible Arbeitszeit	Erhöhte Attraktivität der industriellen Arbeitsplätze	Bessere Einarbeitung neuer Mitarbeiter	Sicherung eines festen Mitarbeiterstamms	Bessere Anpassung an sozial- und tarifpolitische Entwicklungen	Geringere Fehlzeiten und Fluktuation
Sachziele – unternehmensbezogen																								
Generelle Regelungen für die Auftragsabwicklung			●		●			●																
Bessere Festlegung von Kompetenz und Verantwortung			●	●					●	●	●		●				●	●						
Effizientere Koordination der betrieblichen Planungsbereiche		●	●		●	●	●	●									●	●						
Größere Transparenz des Betriebsgeschehens			●					●	●	●	●			●			●			●				
Verbesserter Grad der Arbeitsteilung			●	●					●	●	●		●		●	●	●	●		●				
Sachziele – funktionsbezogen																								
Bessere Mengenplanung			●		●			●	●															
Bessere Terminplanung			●		●			●	●															
Bessere Auftragssteuerung			●	●	●	●	●	●	●	●	●													
Bessere Datenverwaltung					●	●	●	●	●					●										
Formalziele – unternehmensbezogen																								
Geringere Kapitalbindungskosten									●		●													
Geringere Leerkosten			●	●					●															
Geringere Stückkosten			●	●	●				●	●	●													
Geringere Rückkosten			●		●	●	●	●	●															
Bessere Anpassung der Nachfrageschwankungen					●	●	●	●																
Bessere Kapazitätsauslastung			●						●													●		
Weniger Kosten für Terminüberschreitungen			●		●			●	●	●	●											●		●
Geringere Lagerkosten				●					●															
Formalziele – funktionsbezogen																								
Erhöhung der Lieferbereitschaft			●		●	●		●		●	●													●
Verbesserung des Informationswesens			●					●	●	●	●			●			●			●				
Auslagerung repetitiver Tätigkeiten													●		●	●	●	●		●		●	●	●
Verbesserung der Mengen- und Terminkontrolle			●		●			●	●															
Erhöhung der Aktualität der Entscheidungshilfen			●		●	●	●	●	●	●	●			●			●							
Verringerung der Durchlaufzeit			●		●	●		●	●															●
Reduzierung der offenen Werkstattaufträge			●		●	●																		●
Reduzierung der Werkstattbestände				●					●															

Bild 20: Zielmatrix zur kurzfristigen Fertigungssteuerung

5 BESCHREIBUNG DER KURZFRISTIGEN FERTIGUNGSSTEUERUNG MIT ALGORITHMEN

5.1 Vorbemerkung zum Aufgabenlösungsprozeß "kurzfristige Fertigungssteuerung"

Ein Aufgabenlösungsprozeß ist eine strukturierte Folge von Handlungen und Entscheidungen zur Veränderung von Objekten /35/. Dabei werden technische und organisatorische Sachmittel genutzt. Der Aufgabenlösungsprozeß der kurzfristigen Fertigungssteuerung verbindet Daten aus Fertigungsprozeß und Fertigungssteuerung unter Berücksichtigung organisatorischer Regelungen, in denen Ablaufvorgaben, mögliche Methoden, anwendbare Verfahren und allgemeine Grundlagen festgelegt sind. Der Aufgabenlösungsprozeß kann dabei z.B. durch Sachmittel, wie Rechner unterstützt werden. Damit wird es möglich, algorithmische Modelle anzuwenden sowie umfangreiche Datenbestände zu verwalten. In der Organisation des Aufgabenlösungsprozesses werden zeitliche Reihenfolge, beteiligte Funktionsträger sowie Art und Weise der Aufgabenbearbeitung festgelegt.

Als Hilfsmittel zur Beschreibung der Aufgabenlösung sind Algorithmen zu verwenden. Diese Algorithmen liefern eine vollständige Beschreibung der Lösungschritte für die Einzelaufgaben der kurzfristigen Fertigungssteuerung. Mit der Methode einer Algorithmierung der Aufgabenlösungsprozesse werden alle Ein- und Ausgabedaten, die Handlungen und Entscheidungen, die Ablauforganisation sowie die beteiligten Funktionsebenen festgelegt. Die so entwickelten aufgabenbezogenen Systeme zeigen im Sinne einer Informationsverarbeitung den Weg zur Lösung der Steuerungsaufgaben. Als Voraussetzung für die Entwicklung der Algorithmen sind Elemente und Grundstruktur des Algorithmus abzuleiten.

5.2 Ermittlung der Beschreibungselemente zum Aufbau der Algorithmen

5.2.1 Prozeßabläufe in der kurzfristigen Fertigungssteuerung

Aus der Definition des Aufgabenlösungsprozesses in Abschnitt 5.1 ergeben sich zwei Beschreibungsebenen. Dies ist zum einen die eigentliche Aufgabendurchführung mit Handlungen und Entscheidungen. Zum anderen wird der Aufgabenlösungsprozeß durch die Organisation in seiner Struktur beschrieben.

Die A u f g a b e n d u r c h f ü h r u n g (vgl. Bild 21) besteht aus einer Informationsverarbeitung, die in den Schritten Aufnahme, Speicherung, Verarbeitung und Weitergabe abläuft. Informationen müssen teilweise zwischengespeichert werden, da die Informationsaufnahme nicht immer zeitlich parallel zur Verarbeitung erfolgt.

	INHALT	PROZEßABLÄUFE	MODELLELEMENTE
Aufgabendurchführung	Informationen verarbeiten		
	Aufnehmen	Informationsprozeß — Kommunikationsprozeß	
	Speichern	Speicherprozeß	
	Verarbeiten	Entscheidungsprozeß	
	Weitergeben	Informationsprozeß — Kommunikationsprozeß	
Organisation	Aufgabe bearbeiten		
	-welche ?	Entscheidungsprozeß	
	-wann ?	Speicherprozeß	
	-wo ?	Informationsprozeß — Kommunikationsprozeß	
	-wie ?	Entscheidungsprozeß	

Rückkopplungseinheit Kommunikationseinheit Speichereinheit

Bild 21: Bestimmung der Elemente für die Algorithmen

Die Organisation zeigt die räumlich-zeitliche Struktur des Aufgabenlösungsprozesses auf. Darin wird festgelegt, welche Aufgabe wann und wo bearbeitet wird. Außerdem wird die Art und Weise der Aufgabenlösung hinsichtlich der Verwendung technischer und organisatorischer Sachmittel beschrieben.

Die Tätigkeiten im Aufgabenlösungsprozeß der kurzfristigen Fertigungssteuerung lassen sich im wesentlichen drei Arten von Prozeßabläufen zuordnen. Ausgangspunkt der Aufgabendurchführung ist ein Informationsprozeß, der zum Kommunikationsprozeß erweiterbar ist. Der Informationsprozeß liefert Informationen in einer Richtung. Im Kommunikationsprozeß werden Informationen in Form eines Dialogs zwischen zwei Stellen eines Informationssystems in zwei Richtungen ausgetauscht. Der Informationsprozeß kann in einen Kommunikationsprozeß überführt werden, wenn ein Dialog zwischen zwei Stellen stattfindet. Über Informations- bzw. Kommunikationsprozeß werden Daten für die Informationsverarbeitung bereitgestellt, die einen Speicherprozeß durchlaufen. Die Aufgabenlösung selbst ist ein Entscheidungsprozeß, der von Informationsverarbeitungsprozessen begleitet wird.

Zur Informationsbereitstellung sind Informationsbeziehungen notwendig. Dazu wird als Modellelement eine Kommunikationseinheit gebildet, die Informationskanäle schafft. Verbunden damit ist eine Speichereinheit, die die verarbeitungsgerechte Verfügbarkeit der Informationen gewährleistet. Die Entscheidungsprozesse werden in Programmablaufstrukturen überführt, die mit Rückkopplungseinheiten beschrieben werden.

Ausgehend von den Prozeßabläufen im Aufgabenlösungsprozeß werden im folgenden die Elemente und der Aufbau der Algorithmen beschrieben. Es wird gezeigt, wie der Wirkzusammenhang in der kurzfristigen Fertigungssteuerung durch eine Algorithmierung des Aufgabenlösungsprozesses in Form von Rückkopplungseinheiten und die Einführung von kommunikativen bzw. speichernden Einheiten wiedergegeben werden kann.

5.2.2 Entscheidungsprozesse als Programmablaufstrukturen

Betrachtet man den zeitlichen Ablauf von Entscheidungsprozessen, so ist eine sukzessive Änderung einer Ausgangssituation durch zielgerichtetes Verhalten der Entscheidungsträger bis hin zu einer Endsituation festzustellen /36/. Der Entscheidungsprozeß ist der Prozeß der Auswahl einer Möglichkeit aus einer Menge von Alternativen. Die Entscheidungsprozesse in der Fertigungssteuerung sind sowohl vergangenheitsorientiert, z.B. Reaktion auf Soll-Ist-Abweichung bei Überwachungsaufgaben, als auch zukunftsorientiert, z.B. terminliche Einplanung neuer Aufträge.

Zum Entscheidungsprozeß gehören die in Bild 22 dargestellten Schritte. Diese Schritte sind in einem Phasenschema angeordnet, wobei jede Phase durch eine Vollständigkeits- oder Erfolgskontrolle abgeschlossen wird. Das Ergebnis dieser Kontrolle bestimmt den weiteren Ablauf, indem sich entweder die nächste Phase anschließt oder zu einer vorhergehenden Phase zurückgesprungen bzw. dieselbe Phase wiederholt wird.

In der e r s t e n P h a s e werden durch Vergleiche von Ist-Zustand und Soll-Zustand vorhandene P r o b l e m e aufgenommen, beschrieben und strukturiert. Damit wird der Problembereich festgelegt und eine Abgrenzung des Entscheidungsraums und die Definition von Schnittstellen zu anderen Problemen ermöglicht. Zur Z i e l b i l d u n g i n d e r z w e i t e n P h a s e werden die ermittelten Soll-Ist-Abweichungen in realisierbare Zielvorgaben umgewandelt und durch Gewichtung in ihrer Reihenfolge geordnet. Zur späteren Abschätzung der Güte der Zielerreichung werden A u f g a b e n d e f i n i e r t (3. P h a s e), die die Handlungsalternativen beschreiben und deren Auswirkungen bezüglich Soll-Ist-Abweichungen erkennen lassen. In P h a s e 4 werden die L ö s u n g e n entwickelt. Falls mehrere Lösungen vorliegen, ist eine Rangordnung der Alternativen die Voraussetzung für die anschließende A u s w a h l in P h a s e 5 . Nach der Entscheidungsdurchsetzung ist in P h a s e 6 die Z i e l e r r e i c h u n g zu prüfen.

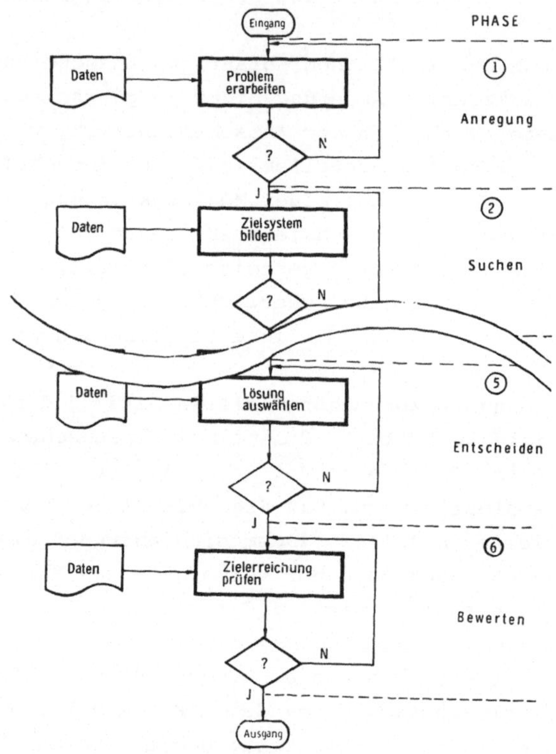

Bild 22: Phasen im Entscheidungsprozeß

Der zeitliche Ablauf eines Entscheidungsprozesses ist ein Programmablaufplan, der in allen Phasen eine gleiche Grundstruktur enthält. Diese Grundstruktur wird von einer Funktionseinheit gebildet, die sich selbst steuert. Diese Funktionseinheit setzt sich aus einem Handlungs- und einem Kontrollschritt zusammen.

5.2.3 Funktionsbeschreibung der Rückkopplungseinheit

Die in Abschnitt 5.2.2 ermittelte Grundstruktur des Entscheidungsprozesses ist auch auf den Aufgabenlösungsprozeß der kurzfristigen Fertigungssteuerung übertragbar. Durch eine Aufgabenzerlegung in Handlungs- und Kontrollschritte läßt sich für jede

Einzelaufgabe ein Programmablaufplan angeben, der aus einer hierarchischen Struktur von Rückkopplungseinheiten aufgebaut ist (vgl. dazu /37).

Für diese Rückkopplungseinheiten ist die Selbststeuerungsfunktion ein wesentliches Merkmal. Die Handlungseinheit wird gesteuert, indem der Tätigkeitsablauf und die handlungsrelevanten Bedingungen bzw. Ziele vorweggenommen werden. Dieses System ist mit einem Regelkreis zu vergleichen, der die Führungsgröße aus dem angestrebten Resultat bestimmt. Anschließend wird in einem Kontrollprozeß über eine Meßgröße und einen Soll-Ist-Vergleich die neue Führungsgröße bestimmt. Diese Führungsgröße wiederum wird mittels Vorwegnahme des Ergebnisses reguliert. Dieser Prozeß wiederholt sich solange, bis das vorgegebene Ziel erreicht ist.

Daneben enthält jede Handlung im Aufgabenlösungsprozeß eine Informationsverarbeitung. Vom Funktionsträger werden Informationen aus dem Umfeld aufgenommen und verarbeitet. Aus diesem Informationsverarbeitungsprozeß leiten sich dann Entscheidungen ab, die Vorstufen zur eigentlichen Handlung sind. Auch die Handlung wird vom Informationsverarbeitungsprozeß gesteuert. Diese Anschauung kann ebenso wie die Handlungseinheiten modellhaft beschrieben werden. Als Modellelement für diese Abläufe wird ein Rückkopplungskreis gebildet (vgl. dazu /38/). Dieser Rückkopplungskreis wird durch eine Kommunikationsschnittstelle (Bild 23) erweitert, die ein wesentliches Merkmal dieses offenen Systems verdeutlicht. Das neu entwickelte Handlungselement besteht damit aus einem Handlungs- und einem Kommunikationsteil. Wesentlich an diesem kybernetischen Regelkreis ist die Rückkopplung zwischen Handlungsresultat und Handlungsziel. Damit wird es möglich, den Zielerreichungsgrad zu überprüfen und ggf. die Handlung bis zu einer hinreichenden Zielerreichung fortzusetzen.Diese Überlegungen sind ausführlich in /38/ als Grundlage für die Entwicklung von kognitiven Programmen dargelegt. Unter kognitiven Programmen sind strukturierte Ablaufschemata zu verstehen, die einen Aufgabenlösungsprozeß wiedergeben und damit Pläne zur Verhaltensbeschreibung sind.

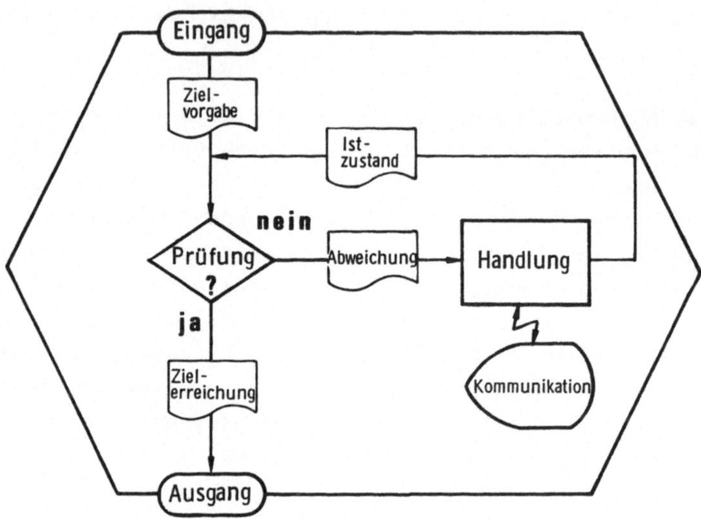

Bild 23: Kommunikativer Rückkopplungskreis

Als Beispiel wird im folgenden die Aufgabe "Maschine einschalten" als hierarchischer Regelkreis dargestellt (Bild 24). Diese Handlung besteht aus zwei hierarchisch gegliederten Teilhandlungen, nämlich "Bewegen der Hand zum Schalter" und "Betätigen des Schalters".

Die Rückkopplungseinheit ist insbesondere zur Modellbildung von Steuerungsabläufen verwendbar, wenn eine hohe Übereinstimmung mit den kognitiven Informationsstrukturen des Menschen erzielt werden soll. Diese Übereinstimmung bildet im vorliegenden Fall eine Voraussetzung für die spätere Unterweisung der Werkstattmitarbeiter, die diese Aufgaben übernehmen sollen. Dies ist daher eine wichtige Randbedingung, um die angestrebte Arbeitsbereicherung bei Werkstattmitarbeitern durch Übernahme von Fertigungssteuerungsaufgaben verwirklichen zu können.

Die modifizierten Rückkopplungseinheiten ermöglichen es, die Aufgaben der kurzfristigen Fertigungssteuerung zu algorithmieren. Damit werden die Arbeitsschritte bei der Aufgabendurchfüh-

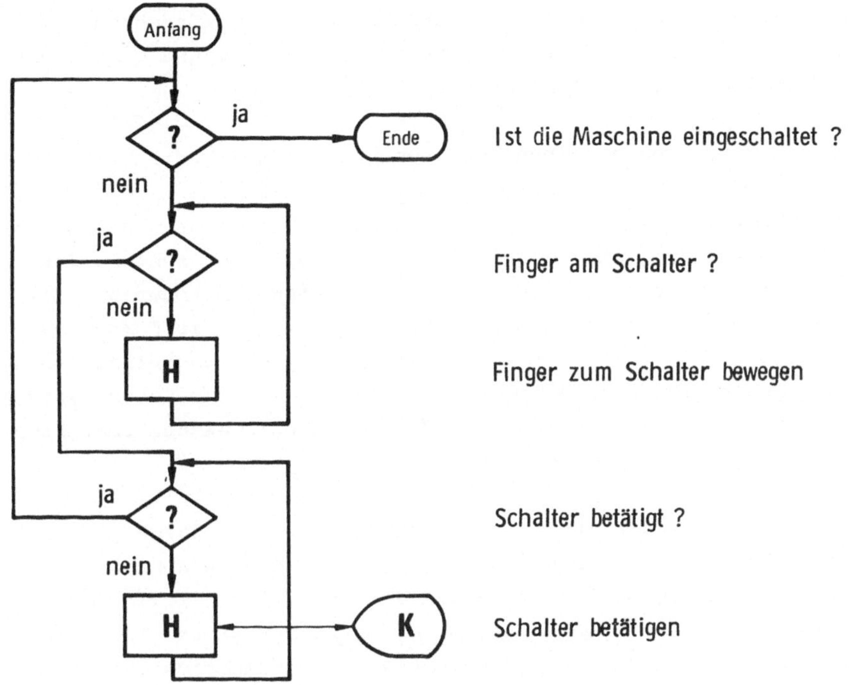

H = Handlung, K = Kommunikation

Bild 24: Beispiel zum hierarchisch gegliederten Regelkreis

rung modellhaft beschrieben. In diesen Arbeitsschritten sind alle Denkvorgänge, wie Informationsverarbeitung, Entscheiden usw. und alle von der Umwelt wahrnehmbaren Reaktionen enthalten /38/. Die Verwendung von Algorithmen zur Aufgabenbeschreibung zielt in zwei Richtungen. Zum einen werden Fertigungssteuerungsaufgaben damit in einer Weise aufbereitet, die dem menschlichen Denkablauf sehr nahe kommt. Zum anderen wird die Notwendigkeit eines Dialogs mit dem Umfeld hervorgehoben. Weiterhin wird eine grundlegende Voraussetzung für die Übernahme von Steuerungsaufgaben durch Werkstattmitarbeiter geschaffen, indem die Einzelaufgaben in Form von Algorithmen dargestellt werden. Darüber wird auch eine flexible Gestaltung der kurzfristigen Fertigungssteuerung ermöglicht. Denn basierend auf dieser algorithmischen Struktur ist es möglich, Planungs- bzw. Steuerungsabläufe leicht zu entwickeln. Man bestimmt ausgehend von der gewünschten Zielvorstellung die einzelnen Prüfphasen, ordnet sie und erhält damit einen Ablaufplan für den Lösungsweg.

5.2.4 Funktionsbeschreibung der Kommunikationseinheit

Die Kommunikationseinheit wird erforderlich, um aus dem Arbeitssystem den Dialog mit dem betrieblichen Umfeld zu führen. Insbesondere wenn ein Informationsbedarf besteht, der nur aus dem aktuellen Ist-Daten-System erfüllt werden kann. Die Kommunikationseinheit wird auf einen Impuls der Rückkopplungseinheit hin tätig und stellt die Informationsbeziehung zum Ist-Daten-System her. Die eintreffenden Daten werden in einen Speicher übertragen und können dort abgerufen werden.

Die Kommunikationseinheit unterstreicht einen wichtigen Aspekt des Dialogsystems. Ein Dialogsystem ist durch die Abwicklung einer Aufgabe im Wechsel zwischen dem Stellen von Teilaufgaben und den hierauf folgenden Antworten charakterisiert /11/. Ein Dialogsystem ist der Spezialfall eines Kommunikationssystems, der sich aus einer speziellen Prozeßsynchronisierung in Form einer ständig abwechselnden Folge von Aufgabenstellung und Aufgabenbeantwortung ergibt. Durch die Synchronisierung werden einerseits Handlungen und deren Schnittstellen zu Folgehandlungen und andererseits Handlungszeitpunkte festgelegt /39/.

Da einerseits eine vollständige Informationsvorbestimmung fast unmöglich ist und andererseits flexible Reaktionsmöglichkeiten auf kurzfristige Änderungen im Fertigungs- bzw. Fertigungssteuerungsprozeß notwendig sind, ist ein ständiger Datenaustausch erforderlich. Das in Bild 24 gezeigte Beispiel enthält eine Kommunikationseinheit, die z.B. Informationen über den Sicherungszustand des Maschinen-Stromkreises beschaffen soll. Es ist zu klären, ob der einzuschaltende Stromkreis über eine Sicherung abgesichert bzw. in welchem Zustand sich diese Sicherung befindet. Ziel dieser Kommunikation ist es, Informationen zu beschaffen, mit denen der Aufgabenlösungsprozeß fortgeführt werden kann. Dabei wird die Kommunikation auf die Adressenebene bzw. die Inhaltsebene gerichtet sein. Über die Adressenebene wird die Stelle angesprochen, die über die gesuchten Informationen verfügt oder auf die entsprechende Stelle verweist. Die Kommunikation auf der Inhaltsebene liefert die benötigten Informationen.

5.3 Einordnung der kurzfristigen Fertigungssteuerung als Dialogsystem

Nach der Einzeldiskussion von Fertigungsprozeß, technisch-organisatorischem Ablauf, Aufgabenlösungsprozeß einerseits und den Prozeßabläufen der kurzfristigen Fertigungssteuerung sowie deren Entscheidungsprozesse andererseits, wird nun in einer Gesamtbetrachtung der Zusammenhang zwischen diesen Einflußbereichen hergestellt. Dies geschieht unter der Zielsetzung "Verbesserung der Flexibilität durch Übernahme von technisch-organisatorischen Aufgaben durch Werkstattmitarbeiter".

Der technische Ablauf im Fertigungsprozeß setzt Vorbereitungsaufgaben wie Materialverfügbarkeit kontrollieren, Personalverfügbarkeit kontrollieren aus der Fertigungssteuerung voraus. Wird z.B. bei der Verfügbarkeitsprüfung festgestellt, daß Teile fehlen, so stellt sich die Frage, ob und wann diese Teile wieder vorrätig sein werden. Diese Frage kann kurzfristig nur von Stellen des übergeordneten Steuerungssystems bzw. durch eine direkte Anfrage im Lager oder Einkauf beantwortet werden. Da die Fortsetzung des Aufgabenlösungsprozesses von dieser Antwort abhängt, muß eine Dialogverarbeitung stattfinden.

Der Werkstattmitarbeiter bearbeitet in diesem System u.a. auch Aufgaben, deren Lösung auf Informationen aufbaut, die nicht in den Steuerungsvorgaben enthalten sind. Diese "unvollständige" Vorgabe von Informationen ergibt sich aus dem dispositiven Spielraum, der in flexiblen Arbeitssystemen zu finden ist. Dies bedeutet, daß im Rahmen der Fertigungssteuerung Entscheidungen zu treffen sind, für die zum Zeitpunkt der Aufgabenstellung Informationen noch nicht bzw. nur unvollständig vorhanden sind.

Das informatorische Zusammenwirken von kurzfristiger Fertigungssteuerung und Fertigungsprozeß läßt sich als ein Regelsystem beschreiben. Mit Hilfe der in Abschnitt 5.2 entwickelten Elemente wird dieses Regelsystem in Bild 25 näher erläutert. Als Vorstufe der Aktivitäten im Fertigungsprozeß werden Steuerungsvorgaben bereitgestellt. Mit dem Anstoß eines Auftrages sind verschiedene Aufgaben der kurzfristigen Fertigungssteuerung durchzuführen (vgl. dazu Kapitel 4.3). Der Auftrag wird vom

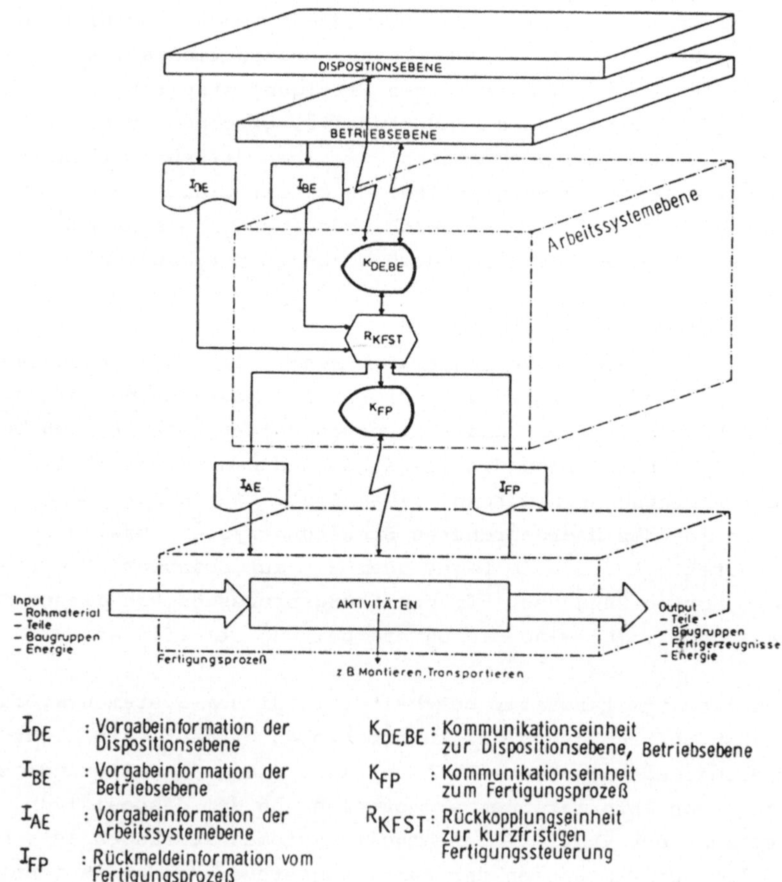

Bild 25: Fertigungsprozeß und Fertigungssteuerung als Dialogsystem

Werkstattführungspersonal in der Arbeitssystemebene oder über die Dispositions- bzw. Betriebsebene vorgegeben. Aufgrund der Vorgabeinformationen wird in einer Prüfphase der aktuelle Zustand des Fertigungssteuerungssystems und des Fertigungsprozesses bezüglich der vorgegebenen Aufgaben festgestellt. Dazu wird die Kommunikationseinheit (K_{FP}) zum Fertigungsprozeß tätig und stellt die Bedingungen fest, die die nachfolgenden Handlungen bestimmen, soweit nicht bereits eine Übereinstimmung von Soll und Ist vorliegt. Ansonsten wird der Ablauf der Rückkopplungseinheit (R_{KFST}) so oft wiederholt, bis Sollvorgabe und Istzustand übereinstimmen. Die Prüfphasen in diesem Algorithmus werden so aufgebaut, daß auch komplexe Entscheidungen in Ja/Nein-Entscheidungen zerlegt werden. Verlangt die Aufgabe eine Abstimmung mit anderen Fertigungsbereichen, so wird die Betriebs- oder Dispositionsebene über die Kommunikationseinheit ($K_{DE,BE}$) angesprochen werden. Sind Informationen zur Aufgabenlösung unvollständig, so ist ebenfalls eine Informationsbereitstellung über die Kommunikationseinheit oder gffs. über einen Informationszwischenspeicher durchzuführen.

Der in Bild 25 dargestellte Zusammenhang zwischen Fertigungsprozeß und Fertigungssteuerung wird als ein Dialogsystem eingeordnet. Der Begriff Dialogsystem wurde bisher fast nur im Zusammenhang mit der elektronischen Datenverarbeitung und insbesondere bei Mensch-Maschine-Kommunikationssystemen verwendet. Im vorliegenden Ansatz wird dieser Systemgedanke auf das Zusammenwirken von Fertigungsprozeß und Fertigungssteuerung übertragen. Dazu wird der Steuerungsalgorithmus in ablaufbestimmende Kommunikationsprozesse eingebettet. Die Anwendung eines offenen Regelkreises im Algorithmus erlaubt jederzeit den Dialog zwischen Werkstattmitarbeiter und Arbeitssystemumfeld gffs. auch über ein EDV-System.

5.4. Beschreibung der Einzelaufgaben mit Algorithmen

Im folgenden Abschnitt wird das Handlungssystem zur kurzfristigen Fertigungssteuerung beschrieben. Dazu werden alle Einzelaufgaben in hierarchisch strukturierte Rückkopplungseinheiten mit Handlungs-, Entscheidungs- und Kommunikationselementen zerlegt. Auf dieser Stufe werden die Erweiterungen bekannter Fertigungssteuerungssysteme deutlich. Jede Einzelaufgabe besteht aus einer übergeordneten Rückkopplungseinheit, deren Handlungselement aus einer oder mehreren Rückkopplungseinheiten bestehen kann. Die untergeordneten Handlungselemente sind ebenfalls aus Rückkopplungseinheiten zusammengesetzt. Im folgenden werden einige Algorithmen zu Einzelaufgaben beschrieben. Da eine vollständige Beschreibung den Umfang dieses Kapitels sprengt, sind die restlichen Algorithmen in Abschnitt 7.4 zusammengestellt.

5.4.1 Algorithmen zu Einzelaufgaben der Arbeitsverteilung

Bestimmende Einzelaufgaben der Arbeitsverteilung sind "Auftragsreihenfolge festlegen" und Auftragsbearbeitung veranlassen", für die die Algorithmen angegeben werden.

Der Algorithmus der Einzelaufgabe "A u f t r a g s r e i h e n f o l g e   f e s t l e g e n" (Bild 26) besteht aus 12 Rückkopplungseinheiten, die sich in drei Gruppen aufteilen lassen. Die Plandaten werden mit den Rückkopplungseinheiten 2,3,4 ermittelt, während die Istdaten von Rückkopplungseinheit 7 und den untergeordneten Rückkopplungseinheiten bereitgestellt werden. Die Plandaten, die externen und internen Prioritäten sind den Auftragsdaten aus dem Arbeitsbeleg zu entnehmen oder ergeben sich aus Rücksprache mit dem Werkstattführungspersonal in Betriebs- oder Werkstattebene. Die Istdaten werden über die Kommunikationseinheiten bereitgestellt. Sie können einem Datenspeicher entnommen werden oder als Ergebnis einer aktuellen Aufgabendurchführung von AV 1, AV 2 und AV 3 entstanden sein. In den abschließenden Rückkopplungseinheiten 11 und 12 wird über die Reihenfolge der Aufträge entschieden.

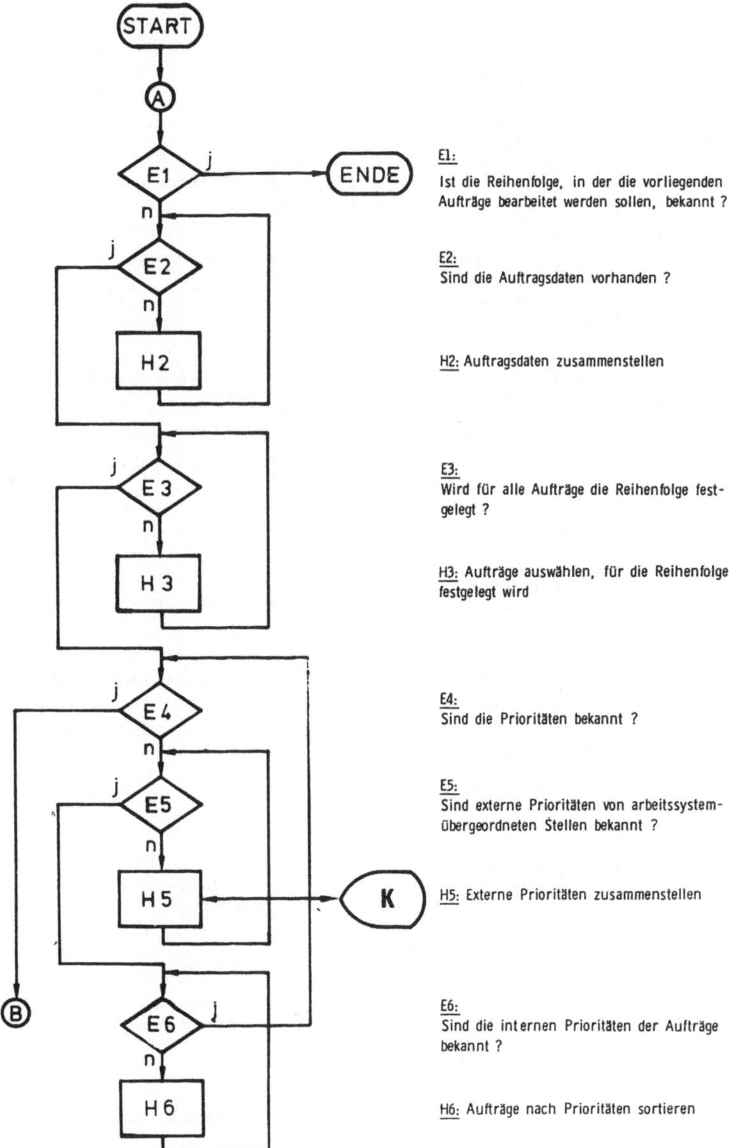

Bild 26a: Algorithmus zur Einzelaufgabe "Auftragsreihenfolge festlegen"

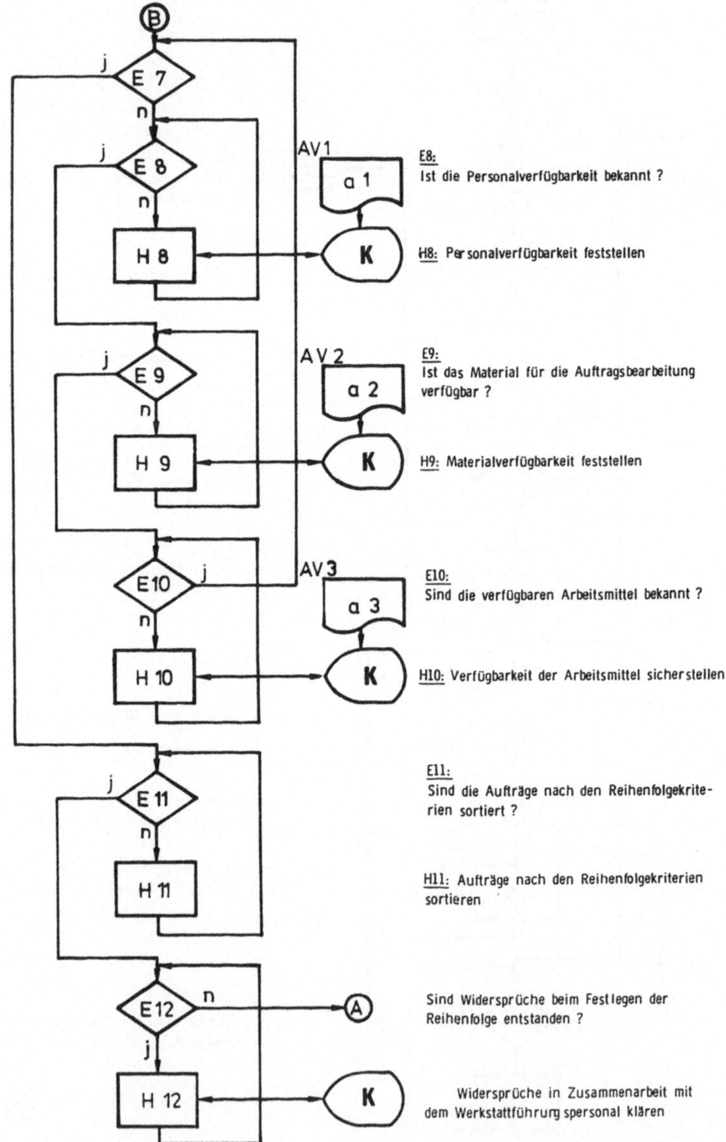

Bild 26b: Algorithmus zur Einzelaufgabe "Auftragsreihenfolge festlegen"(Fortsetzung)

Die Struktur der Rückkopplungseinheiten der Einzelaufgabe "Auftragsbearbeitung veranlassen" (Bild 27) ist zweistufig. Dies ist die einfachste Form, in der Teilaufgaben miteinander verbunden sein können. Zur Vorbereitung der Auftragsveranlassung wird zuerst die Vollständigkeit der Daten geprüft. Erforderliche Daten auf den Arbeitsbelegen sind Arbeitsgangbeschreibung, frühester Starttermin und spätester Endtermin usw. Anschließend werden Maßnahmen zur Fertigungsablaufsicherung getroffen. Dazu sind z.B. Identdaten des Auftrages sowie Start- und Zwischentermine in ein System zur Fertigungsablaufsicherung einzugeben. Bei einer manuellen Auftragssteuerung können diese Daten z.B. auf einer Plantafel eingetragen werden. Der Termin zur Auftragsvorgabe an den Werkstattmitarbeiter ergibt sich aus der in Einzelaufgabe AV 4 ermittelten Reihenfolge der Auftragsbearbeitung. Der jeweilige Stand der Auftragsbearbeitung kann über die Kommunikationseinheit durch Rücksprache mit dem Werkstattführungspersonal oder anderen Werkstattmitarbeitern ermittelt werden.

5.4.2 Algorithmen zu Einzelaufgaben der Fertigungsablaufsicherung

Die Einzelaufgabe "Fertigungszustand feststellen" wird nach einem zweistufigen Algorithmus mit 7 Rückkopplungseinheiten festgestellt (Bild 28). In den einzelnen Teilaufgaben wird das Arbeitssystem, die terminliche Einplanung des betreffenden Arbeitsvorgangs sowie die gefertigte Stückzahl ermittelt. Die Daten über den Bearbeitungsbereich werden über eine Kommunikationseinheit aus einem Datenspeicher oder ggf. durch Rücksprache bei dem zuständigen Disponenten abgefragt. Als gerätetechnische Realisierung sind dafür z.B. Bildschirmgeräte eines EDV-unterstützten Fertigungssteuerungssystems für Abfragen oder Karteien bzw. Plantafeln eines Leitstandes denkbar.

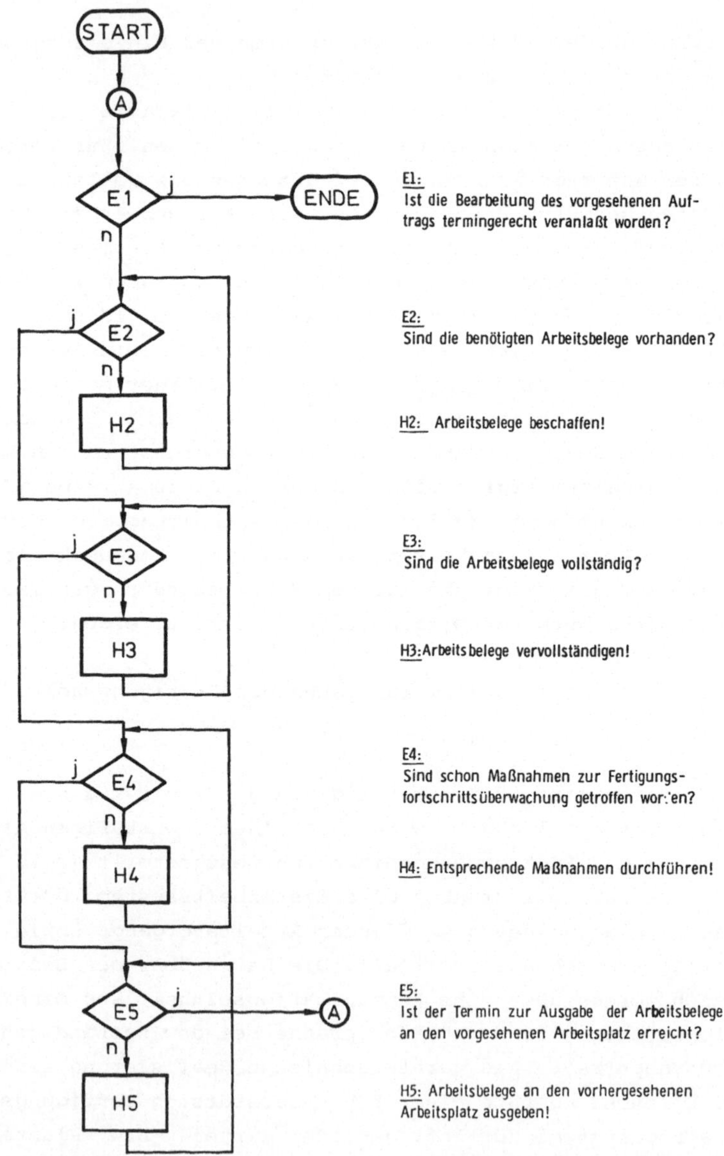

Bild 27: Algorithmus zur Einzelaufgabe "Auftragsbearbeitung veranlassen"

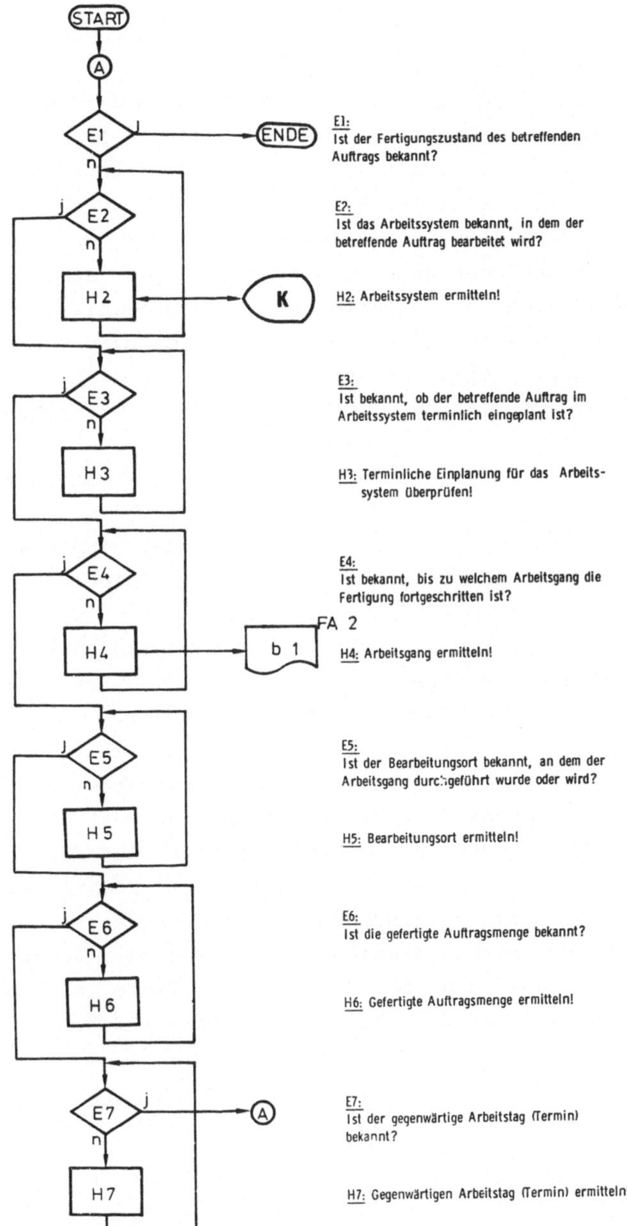

Bild 28: Algorithmus zur Einzelaufgabe "Fertigungszustand feststellen"

Mit der Einzelaufgabe "Soll- und Ist-Fertigungszustand vergleichen" (Bild 29) werden die Grunddaten für eine Reaktion auf Störungen bei Personal, Material bzw. Arbeitsmittel und die Erstellung von Rückstandslisten bereitgestellt. Der dreistufige Algorithmus gliedert sich in die Teile: Solldaten beschaffen, Istdaten ermitteln und Vergleichsoperationen durchführen. Die Solldaten werden den Arbeitsbelegen entnommen oder sind ggf. aus einem Datenspeicher abzurufen. Die Istdaten sind das Ergebnis der Aufgabendurchführung von FA 1 und werden über eine Kommunikationseinheit bereitgestellt. Die Vergleichsoperation zwischen Soll- und Ist-Daten ist hinsichtlich Menge und Termin durchzuführen.

5.4.3 Algorithmus zur Einzelaufgabe "Qualitätsprüfung"

Die Einzelaufgaben der Qualitätssicherung sind stark miteinander verknüpft und bauen auf der Einzelaufgabe "Qualität nach Prüfvorschrift und Prüfplan prüfen" auf. Diese Einzelaufgabe wird daher beispielhaft für alle Qualitätssicherungsaufgaben in der algorithmischen Form näher erläutert (Bild 30).

Zur Qualitätsprüfung sind Prüfplan, Prüfmittel und Prüfvorschrift zu beschaffen. Der Prüfplan sagt aus, wann eine Prüfung durchzuführen ist. In der Prüfvorschrift ist der Ablauf der Prüfung festgelegt. Sind die notwendigen Prüfmittel bereitgestellt, kann das vorgesehene Objekt geprüft werden. Die ermittelten Qualitätsmerkmale, z.B. Losnummer, Gut-Stückzahl, Fehlerzahl usw. sind für die weiteren Einzelaufgaben der Qualitätssicherung festzuhalten (vgl. hierzu /40/).

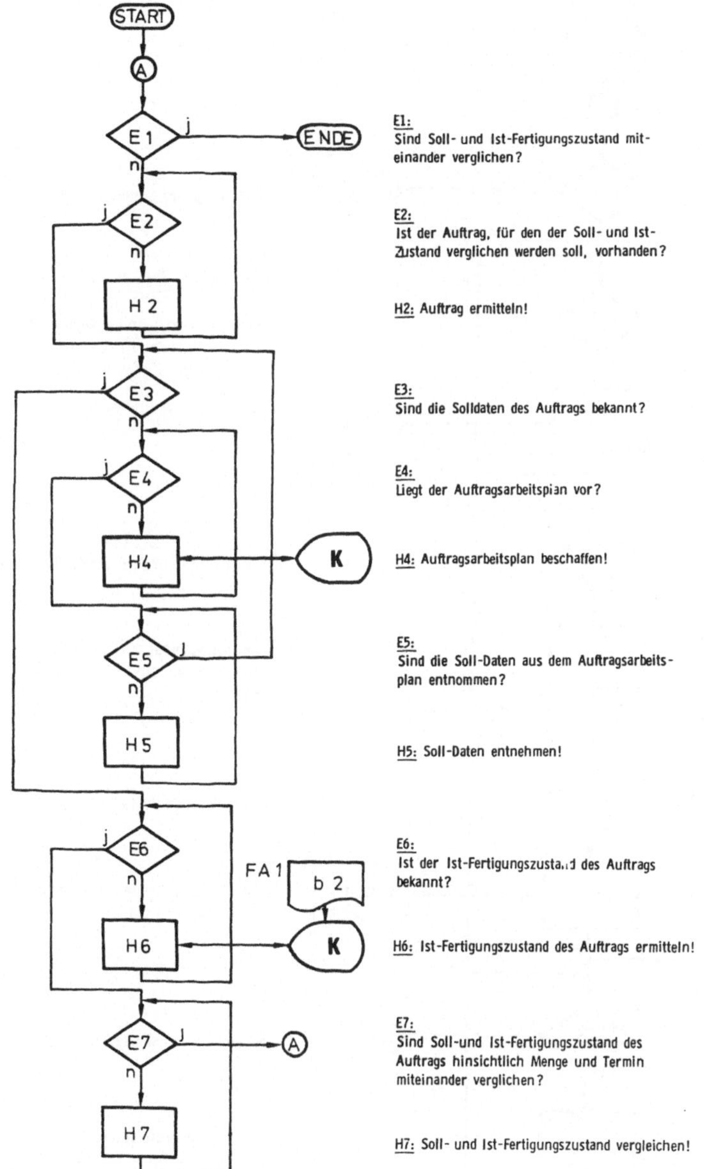

Bild 29: Algorithmus zur Einzelaufgabe "Soll-/Istfertigungszustand feststellen"

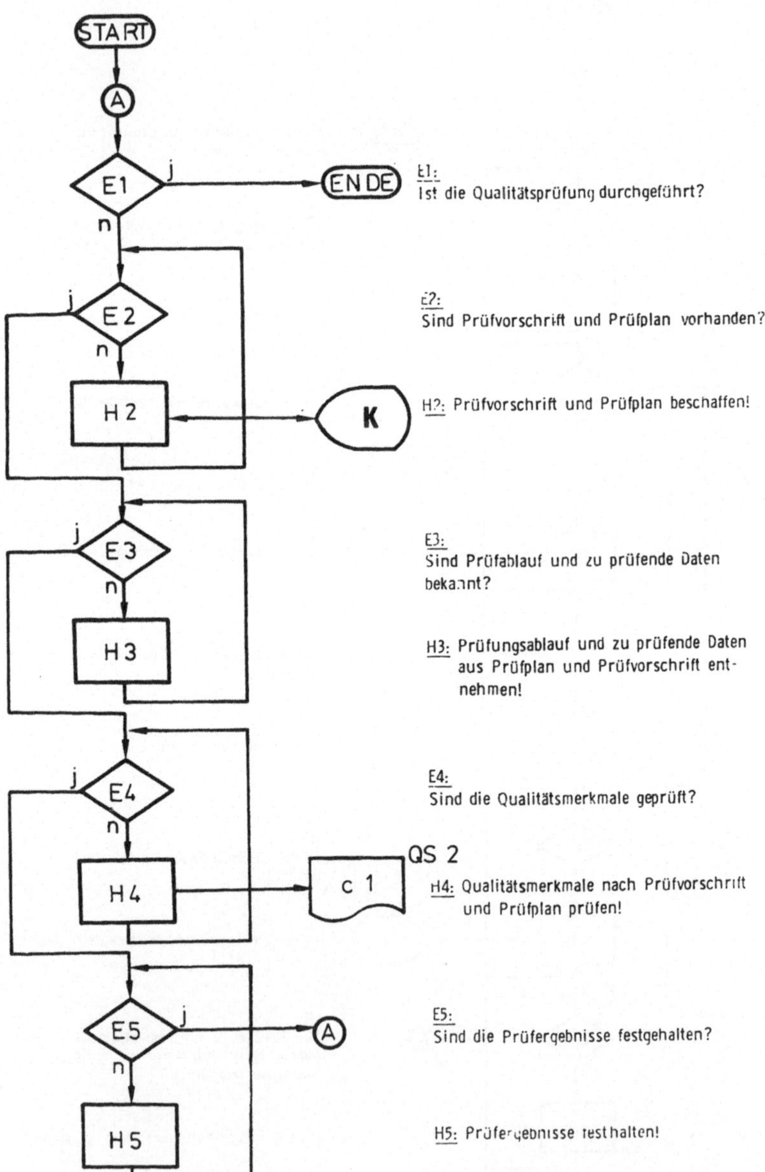

Bild 30: Algorithmus zur Einzelaufgabe "Qualität prüfen"

5.4.4 Algorithmus zur Einzelaufgabe "Arbeitsmittelinstandhaltung"

Arbeitsmittel sind verwendungsfertige technische Gegenstände, Einrichtungen und Hilfsstoffe im Arbeitssystem /41/.
Durch diese Definition wird die direkte Beziehung der Arbeitsmittel zum Fertigungsprozess aufgezeigt. Zur Abgrenzung von den Betriebsmitteln werden alle Hilfsmittel, die zur Nutzung und Sicherung von Grundstücken und Gebäuden notwendig sind, ausgeklammert. Eine zentrale Stellung im Subsystem AP nimmt die Einzelaufgabe "A r b e i t s m i t t e l i n s t a n d h a l t u n g v e r a n l a s s e n" ein (Bild 31).

Zur Beschleunigung der Arbeitsmittelinstandhaltung ist als wichtige Information die Störungsursache festzuhalten. Bevor eine externe Instandhaltungsgruppe beauftragt wird, ist zu prüfen, ob die Instandhaltungsarbeiten vom Werkstattmitarbeiter oder dem Werkstattführungspersonal des Arbeitssystems ausgeführt werden können. Falls eine Instandhaltung durch die Instandhaltungsabteilung notwendig wird, sind entsprechende Arbeitsbelege zu erstellen und die zuständigen Mitarbeiter zu benachrichtigen. Der Termin für die Instandhaltung ist bei der Verfügbarkeit der Arbeitsmittel zu berücksichtigen.

5.5 Abschließende Betrachtung der Algorithmen

5.5.1 Zuordnung der Informationen zu den Einzelaufgaben

Zum Abschluß wird das gesamte Informationsflußsystem zur kurzfristigen Fertigungssteuerung in Form einer Zuordnungsmatrix dargestellt (Tabelle 1). Damit werden die einzelnen Informationen für die Einzelaufgaben und ihre Funktion bezüglich Ein- oder Ausgabe aufgelistet. Diese Einzelinformationen wurden im Rahmen von betriebsorganisatorischen Untersuchungen ermittelt (vgl. dazu Abschnitt 3.3).

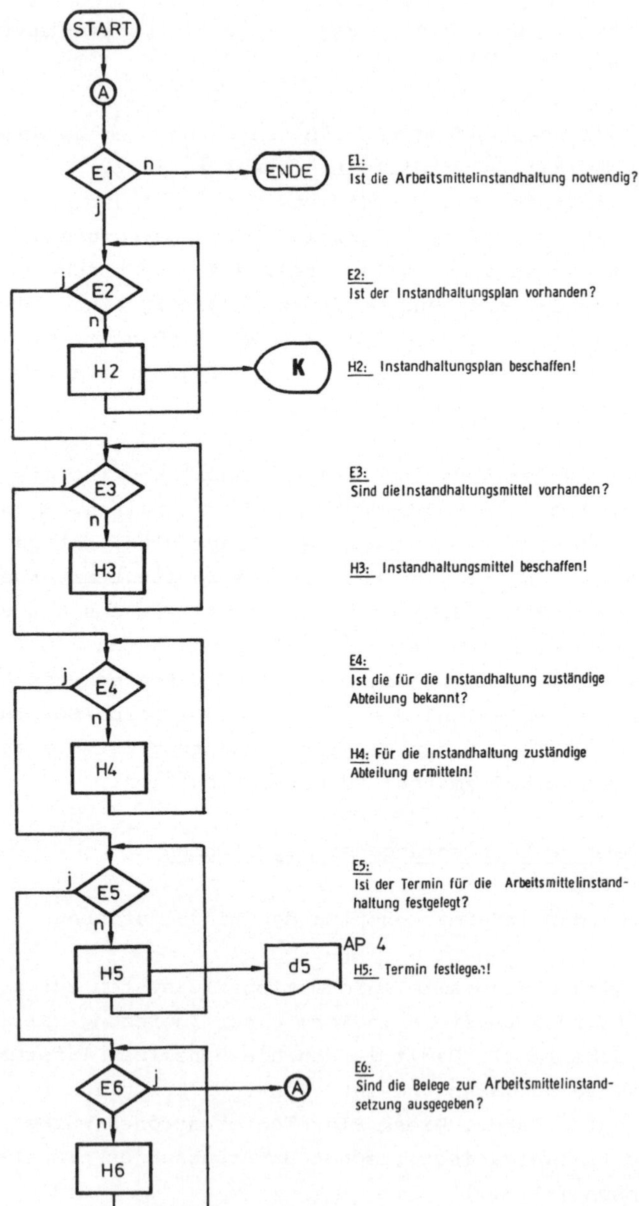

Bild 31: Algorithmus zur Einzelaufgabe "Arbeitsmittelinstandhaltung veranlassen"

	Nr.	Informationen / Einzelaufgaben	AV1 Personalverf. kontr.	AV2 Materialverf. kontr.	AV3 Arbeitsm. verf. kontr.	AV4 Auftragsreihenf. festl.	AV5 Auftragsbearb. veranl.	AV6 Material bereitstellen	AV7 Mat. transport veranlw.	FA1 Fertigungszust. festst.	FA2 Rückmeldg. veranlw.	FA3 Soll-/Istfertig. zust. vgl.	FA4 Störungsmeld. auswert.	FA5 Rückstandslisten erst.	FA6 Bei Pers. störung reag.	FA7 Bei Mat. störung reag.	FA8 Bei Arb. mittelstör. reag.	QS1 Qual. n. P. plan u. vor.	QS2 Nachbearb. ent. (o. N.)	QS3 Nachbearb. ver. (m. N.)	QS4 Ausschußm. erfassen	QS5 Prüfergebn. auswerten	AP1 Arb. mittel Qual. prüfen	AP2 Arb. mittel Arb. si. pr.	AP3 Arb. mittelinst. veranl.	AP4 Arb. mittel freigeben
(T)	1	Auftragsidentifikation	EA	EA	EA	EA	EA	EA	E	EA	EA	EA	EA	EA	EA	EA	EA	EA	EA	EA	EA	EA				
	2	Auftragsbezeichnung	EA	EA	EA	EA	EA	EA	E	EA	EA	EA	EA	EA	EA	EA	EA	EA	EA	EA	EA	EA				
	3	Auftragsmenge				EA	EA	EA	E	EA		EA	E	EA				E	E							
	4	Auftragspriorität (geplant)				EA	E			A		EA	E	E	EA	EA	EA		E			E				
	5	Externe Priorität				EA	E			A		EA	E	E	EA	EA	EA		E							
	6	Auftragsstatus				EA	E			EA	EA	EA	EA	EA	EA	EA	EA		E	E						
	7	Geplanter Auftragsstarttermin	E	E	E	EA	E					EA	E	E	EA	EA	EA		E	E						
	8	Geplanter Auftragsendtermin	E	E	E	EA	E					EA	E	E	EA	EA	EA		E	E						
	9	Fertig-/Halbfertigerzeugnisidentifikation		EA	EA	EA	EA	E		EA	EA	EA	EA	EA	E	E	E	EA	EA	EA	EA	EA				
	10	Fertig-/Halbfertigerzeugnisbezeichnung		EA	EA	EA	EA	E		EA	EA	EA	EA	EA	E	E	E	EA	EA	EA	EA	EA				
	11	Fertig-/Halbfertigerzeugnismenge		EA	EA	EA	EA	E		EA		EA	EA	EA	E	E	E	E	E	EA	EA	EA				
	12	Geplante Qualitätsbeschreibung																E				E				
	13	Qualitätsprüfvorschrift																E								
	14	Qualitätsprüfplan																E								
	15	Kurzfristige Auftragspriorität				A	EA	EA		EA		EA	EA	EA	EA	EA	EA		EA	EA		EA				
(G)	16	Arbeitsgangidentifikation	E	E	E	EA	EA	EA	E	EA	EA	EA	EA	EA	EA	EA	EA	EA	EA	EA		EA				
	17	Arbeitsgangbeschreibung	EA	EA	EA	EA	EA	EA	E	EA	EA	EA	EA	EA	EA	EA	EA	EA	EA	EA		EA				
	18	Vorgabezeit	E			EA	E						E		E	E	E		E			E				
	19	Rüstzeit	E			EA	E						E		E	E	E		E			E				
	20	Arbeitsmittelidentifikation	EA		EA	EA	E			EA	EA	EA	EA		EA		EA		EA				EA	EA	EA	EA
	21	Arbeitsmittelbezeichnung	EA		EA	EA	E			EA	EA	EA	EA		EA		EA		EA				EA	EA	EA	EA
	22	Material-/Teileidentifikation		EA		EA	EA	EA	E				EA			EA				EA	EA	EA				
	23	Material-/Teilebezeichnung		EA		EA	EA	EA	E				EA			EA				EA	EA	EA				
	24	Materialtransportkennzeichen				EA	EA	EA	E																	
	25	Geplanter Bereitstellungsort		E		EA	EA	EA	E											A						
	26	Geplanter Bereitstellungstermin		E		EA	EA	EA	E											A						
	27	Geplante Personalkapazität	E			EA	E						EA		EA											
	28	Geplante Material-/Teilemenge		E		EA	EA	EA	E				EA			EA				E	EA					
	29	Geplante Arbeitsmittelkapazität			E	EA	E						EA				EA									
	30	Arbeitsmittelbeschreibung bzgl. Qualität																					E			E
	31	Arbeitsmittelsicherheitsvorschrift																						E		E
	32	Arbeitsmittelprüfvorschrift																					E	E		
	33	Arbeitsmittelprüfplan																					E	E		
(L)	34	Ist-Material-/Teilemenge								A	EA	EA	E			E	E			EA	E	EA				
	35	Ist-Endtermin								A	EA	EA	E	E	E	E	E									
	36	Ist-Starttermin								A	EA	EA	E	E	E	E	E									
	37	Ist-Qualitätsbeschreibung																A	E		E	E				
	38	Qualitätsbeschreibung Arbeitsmittel																					A		EA	E
	39	Qualitätsbeschreibung Arbeitsmittelsicherheit																						A		E
	40	Ausbringungsmenge								A	EA	EA	E	E	EA	EA	EA	EA	EA	E	E	E				
	41	Ausschußmenge																	EA	EA	A	EA				
	42	Verfügbare Personalkapazität	A			EA	E								EA				EA	E						
	43	Verfügbare Material-/Teilemenge		A		EA	EA	E								EA			EA	E						
	44	Verfügbare Arbeitsmittelkapazität			A	EA	E										EA		EA	E					A	EA
	45	Verfügbare Transportmittelkapazität							E																	
	46	Fehlende Material-/Teilemenge											A	EA		E										
	47	Fehlende Personalkapazität											A	EA	E											
	48	Fehlende Arbeitsmittelkapazität											A	EA			E									
	49	Fehlende Arbeitsbelege											A			E	E									
	50	Störungsdaten bzgl. Personal											EA		EA											
	51	Störungsdaten bzgl. Material-/Teile											EA			EA										
	52	Störungsdaten bzgl. Arbeitsmittel											EA				EA						EA		E	
	53	Störungsdaten bzgl. Arbeitsmittelsicherheit											EA											E		
	54	Störungsdaten bzgl. Arbeitsbeleg											EA			EA	EA									
	55	Material-/Teiletransportmenge							A																	
	56	Fertigungsstand										A		EA	E	E	E									
	57	Personalkapazität im Störungsfall													A											
	58	Material-/Teilemenge im Störungsfall														A										
	59	Arbeitsmittelkapazität im Störungsfall															A									

Tabelle 1: Datenelemente der Informationsflüsse

Die Tabelle 1 enthält drei Gruppen von Informationen. Es gibt a u f t r a g s b e z o g e n e Informationen (T), die arbeitssystemübergreifend sind. Daneben sind a u f g a b e n b e - z o g e n e Informationen (G) zu unterscheiden, die entweder fertigungs- oder fertigungssteuerungsbezogen sind. Weiterhin gibt es a b l a u f b e z o g e n e Informationen (L), die als Ergebnis des Aufgabenlösungsprozesses in der Fertigung bzw. Fertigungssteuerung entstehen. Für den Aufgabenlösungsprozeß sind Informationen (E), die nur eingegeben werden und Informationen (E/A), die eingegeben und nach Prozeßende unverändert weitergegeben werden, zu unterscheiden. Weiterhin gibt es zu einem bestimmten Zeitpunkt neu entstandene Informationen (A).

5.5.2 Bildung von Funktionsketten

Der betriebliche Leistungserstellungsprozeß stellt eine Kausalkette von Einzelprozessen dar. Eine solche Kausalkette läßt sich auch für die kurzfristige Fertigungssteuerung angeben. Dazu werden die Einzelaufgaben der kurzfristigen Fertigungssteuerung in ihrem sachlichen und zeitlichen Zusammenhang dargestellt. Die so entstandene Funktionskette ist eine in sich geschlossene Folge von Aufgaben, die als Realisierung eines Pfades in den Informationsflußsystemen betrachtet wird.

Die Funktionsketten der Arbeitsverteilung (Bild 32) beschreiben die Einplanung der Aufträge auf den Fertigungseinrichtungen des Arbeitssystems. Zur Festlegung der Reihenfolge der Fertigungsaufträge sind ggfs. in der Subfunktionskette die Einzelaufgaben AV1, AV 2, AV 3 durchzuführen. Da unter Umständen bestimmte Eingangsinformationen für die Einzelaufgabe AV 4 vorliegen können, liegt eine Oder-Verknüpfung vor. Die Einzelaufgaben AV 4 und AV 5 sind über eine Und-Verknüpfung verbunden, da die Auftragsreihenfolge eine notwendige Voraussetzung für die Veranlassung der Auftragsbearbeitung ist.

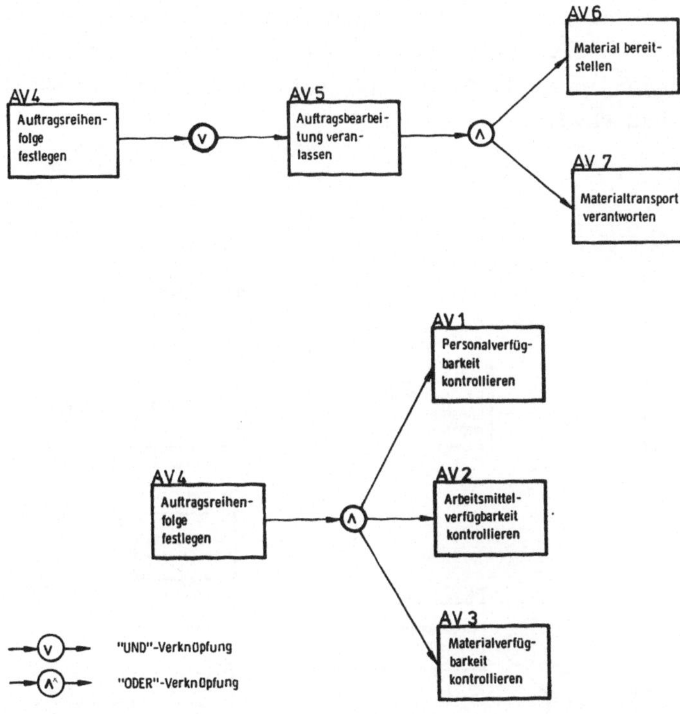

Bild 32: Funktionsketten der Arbeitsverteilung

Die Ablaufschritte der Fertigungsablaufsicherung zeigen die Funktionsketten in Bild 33. Dabei hängen die Einzelaufgaben FA 1, FA 3 über eine Und-Verknüpfung zusammen, da in FA 1 die erforderlichen Daten für den Soll-Istvergleich ermittelt werden. Ein gleicher Zusammenhang besteht zwischen den Einzelaufgaben FA 6 bzw. FA 7 bzw. FA 8 und der Auswertung der Störungsmeldungen in FA 4. Zusätzlich gibt es Subfunktionsketten zu FA 1 und FA 3.

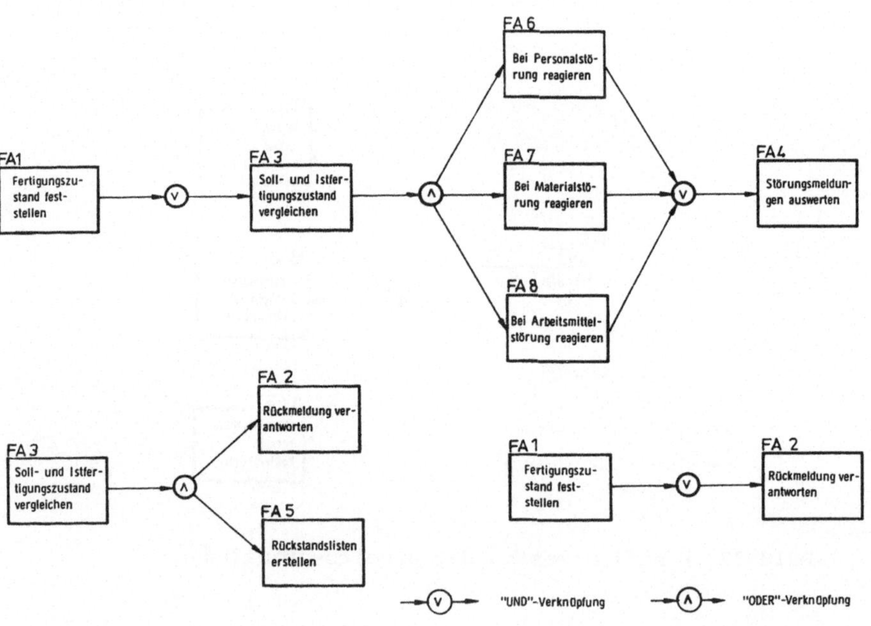

Bild 33: Funktionsketten der Fertigungsablaufsicherung

In den Funktionsketten der Qualitätssicherung (Bild 34) stehen die Einzelaufgaben QS 1, QS 2 und QS 3 in einer Und-Verknüpfung. Zur Sicherung der Qualität ist entsprechend dem Prüfergebnis eine Nacharbeit ohne oder mit Neuteilbeschaffung durchzuführen. In der Subfunktionskette zur Qualitätsprüfung werden die Prüfergebnisse speziell hinsichtlich der Ausschußmenge oder allgemein ausgewertet.

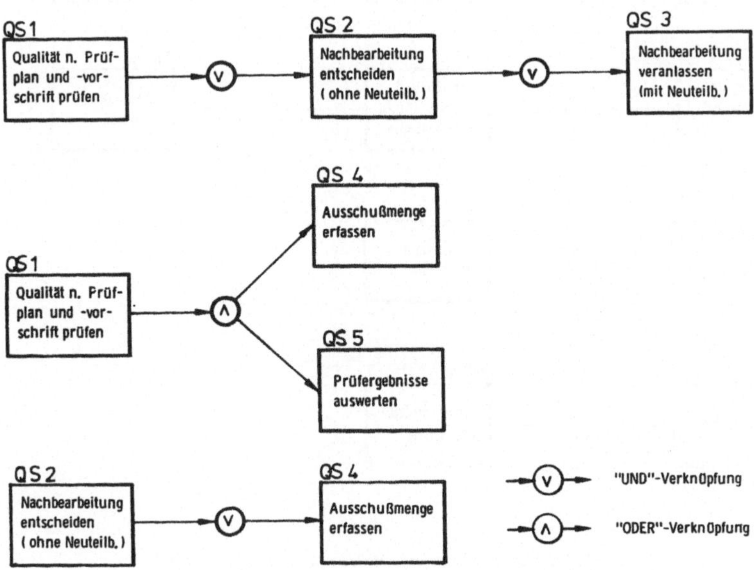

Bild 34: Funktionsketten der Qualitätssicherung

In den Einzelaufgaben der Arbeitsmittelprüfung sind AP 1 und AP 2 als bestimmende Funktionseinheiten anzusehen, die die damit gekoppelten Einzelaufgaben anstoßen. Die Arbeitsmittel werden in Abhängigkeit vom Prüfergebnis ohne Instandhaltung oder nach der Instandhaltung freigegeben (Bild 35).

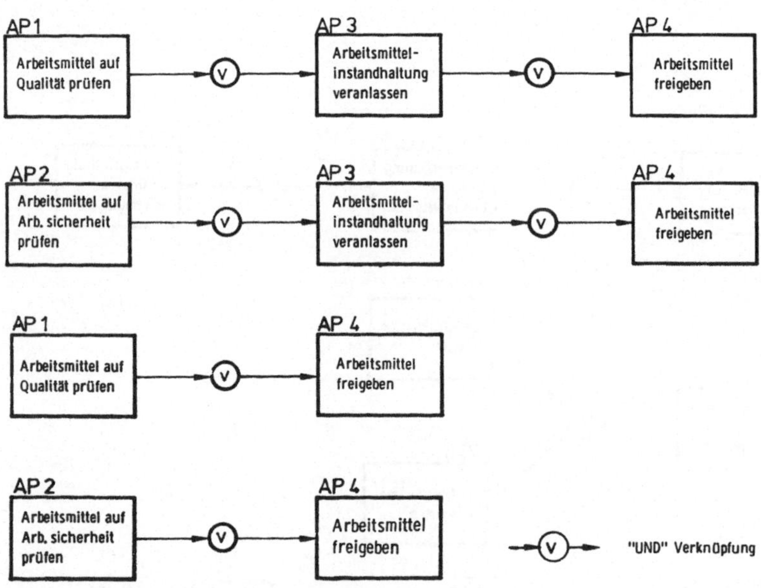

Bild 35: Funktionsketten der Arbeitsmittelprüfung

5.6 Anwendungsaspekte der Algorithmen zur kurzfristigen Fertigungssteuerung

Ziel der in diesem Kapitel entwickelten Algorithmen ist es, die kurzfristige Fertigungssteuerung in einem handlungsorientierten Ablauf zu beschreiben. Als bestimmende Größen dieses Aufgabenlösungsprozesses sind bedingungsabhängige Handlungen, wie Tätigkeiten, Entscheidungs- und Kommunikationsprozesse festgelegt worden. Damit sind organisatorische Regeln für den Aufgabenlösungsprozeß vorhanden, über die sich eine "optimale" Aufgabenlösung sicherstellen läßt. Die Algorithmierung ist hinsichtlich der Organisation des Ablaufs als vollständige Vorbestimmung und damit als voll organisierte Form zu verstehen. Trotz dieser Form läßt sich eine Anwendung der Algorithmen im Rahmen eines Dialogsystems mit Spielräumen versehen. Dies ist notwendig, um auch Entscheidungsprozesse der betrieblichen Realität programmierbar zu machen, die als Variante nur selten auftreten.

Über das Dialogsystem lassen sich die entwickelten Algorithmen leichter anwenden, wenn die Parameter der Aufgabenlösung im vorhinein schlecht anzugeben sind, da sie z.B. in Abhängigkeit von Zwischenergebnissen variieren. Dies trifft besonders in der Fertigungssteuerung zu, wo häufig Informationen benötigt werden, die sich erst aus vielfältigen Wechselbeziehungen im Fertigungsprozeß ergeben und nicht direkt aus den im Arbeitssystem ablaufenden Vorgängen abzuleiten sind. Außerdem wird es meistens notwendig, einzelne Phasen eines Entscheidungsprozesses von unterschiedlichen Stellen beurteilen zu lassen. Für diesen Informationsaustausch bietet sich ein Dialogsystem an, das die ablaufbedingten Zeitverluste gering hält.

Ein weiterer Vorteil entsteht durch eine flexible Gestaltung der kurzfristigen Fertigungssteuerung mit dem in dieser Arbeit entwickelten Dialogsystem. Denn damit kann eine vorhandene technische Flexibilität organisatorisch genutzt werden. Daneben wird eine Basis geschaffen, um den Werkstattmitarbeiter in den technisch-organisatorischen Ablauf einzubeziehen und sein Erfahrungspotiential sowohl hinsichtlich technischer Gegebenheiten als auch organisatorischer Möglichkeiten einzusetzen. Damit gelingt es die Effizienz der Ablauforganisation entscheidend zu verbessern. Der Hauptanwendungsbereich der entwickelten Konzeption liegt im flexiblen Arbeitssystem in Montage- und Teilefertigung. Wichtige Voraussetzungen sind Teilepuffer zwischen den Arbeitsplätzen, um den Dispositionsspielraum sicherzustellen. Soweit Arbeitsplatzwechsel vorgesehen werden, ist gffs. eine Qualifikation für Einstell- und Rüstarbeiten zu schaffen.

Mit der Entwicklung von Algorithmen wurde in Kapitel 5 die Modellvorstellung eines Dialogsystems geschaffen. Auf dieser Grundlage wird im nächsten Kapitel eine kurzfristige Fertigungssteuerung für ein Arbeitssystem in einer Teilefertigung aufgebaut und deren praktische Realisierung beschrieben.

6 EIN ANWENDUNGSBEISPIEL FÜR DAS ENTWICKELTE FERTIGUNGS-STEUERUNGSMODELL

6.1 Randbedingungen und Zielsetzungen des Anwendungsfalles

Das entwickelte Modell zur kurzfristigen Fertigungssteuerung wurde in einem Unternehmen der feinmechanischen Industrie mit ca. 2000 Mitarbeitern in die betriebliche Praxis umgesetzt. Im Untersuchungsfeld, das zur mechanischen Fertigung gehört, werden Gußteile von zwei Schreibmaschinentypen (1,2) spanend bearbeitet. Die kurzfristige Fertigungssteuerung wurde in einem Arbeitssystem mit 24 Maschinen und 10 Maschinenbedienern neugestaltet. Dieses Arbeitssystem "Spanende Bearbeitung der Wagenaufnahme" wird wie folgt in die Organisationstypen der Teilefertigung eingeordnet (vgl. dazu /19/).

Das Arbeitssystem wird durch Organisationsprinzip, Arbeitsform und Art der Entkopplung durch Puffer arbeitsorganisatorisch charakterisiert. Der betrachtete Teilbereich (Bild 36) ist nach dem Flußprinzip organisiert. Es liegt überwiegend Einmaschinenbedienung vor, teilweise wird auch mit Mehrmaschinenbedienung gearbeitet. Vor und zwischen den Maschinen sind in größerem Umfang Puffer für die Gußteile vorhanden.

Im folgenden wird der Fertigungsdurchlauf, wie er in Bild 36 dargestellt ist, kurz beschrieben. Die Angaben in Klammern geben die jeweiligen Arbeitsvorgangsfolgen an, wie sie im Unternehmen verwendet werden. Die Gußteile kommen aus einem Zwischenlager bzw. bei den Längenvarianten 62 cm und 88 cm direkt aus der Rohteilerzeugung. In Arbeitsvorgangsfolge 100 wird die Wagenaufnahme an den Stirnseiten auf die vorgeschriebene Länge gefräst. Anschließend wird die Lackiererei durchlaufen (200 - 450). Die weitere Bearbeitung im Arbeitssystem beginnt mit dem Fräsen der Auflagen für die Laufschienen (500). Dann wird getrennt auf unterschiedlichen Maschinen für Länge 33 bzw. 38 und 46 cm bzw. 62 und 88 cm die Wagenaufnahme gerichtet und das Laufschienenlager vorgefräst (600). Mit Arbeitsvorgangsfolge 700 bzw. 1000 schließen sich Fräs- bzw. Bohroperationen an. Wei-

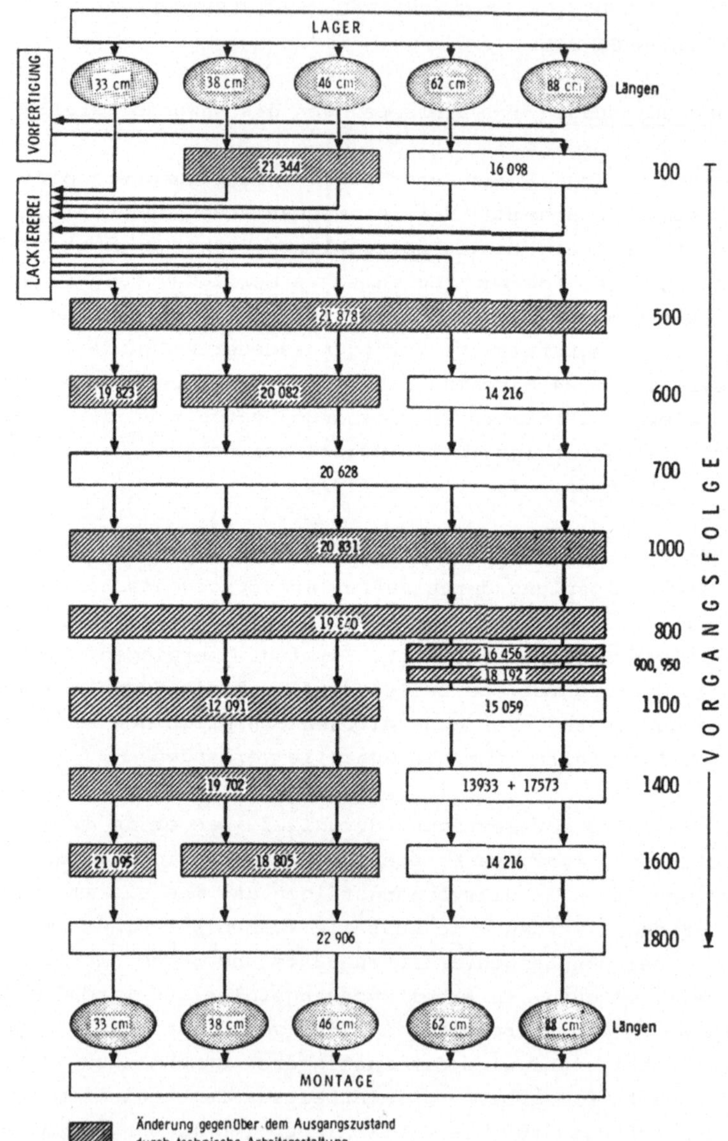

Bild 36: Materialfluß im Untersuchungsfeld für Teiletyp 1

terhin werden dann Stirnlöcher gebohrt und die inneren Auflageflächen gefräst (800 bzw. 900). Nach dem Entgraten der Bohrlöcher (1100) werden ebenfalls auf unterschiedlichen Maschinen für die verschiedenen Längenvarianten Gewinde geschnitten (1400). Dann werden die Laufschienenlager fertiggefräst (1600) und die Teile zur Waschanlage für die abschließende Arbeitsvorgangsfolge 1800 transportiert.

Als Ausgangspunkt für die Gestaltung der kurzfristigen Fertigungssteuerung wurde der Ist-Zustand im Arbeitssystem untersucht. Dazu wurden Tätigkeits- und Informationsanalysen durchgeführt /23/. Für das o.g. Arbeitssystem wurden dabei Tätigkeitsprofile für die Funktionsträger des Werkstattführungspersonals, Meister, Vorarbeiter und Einrichter, über eine Selbstaufschreibung erhoben. Einen Ausschnitt aus dem Tätigkeitsprofil der Einrichter zeigt Bild 37. Für Fertigungssteuerungs- und Einrichtetätigkeiten wurde insgesamt ein Zeitanteil von ca. 70 % ermittelt, der durch die schraffierte Fläche hervorgehoben wird.

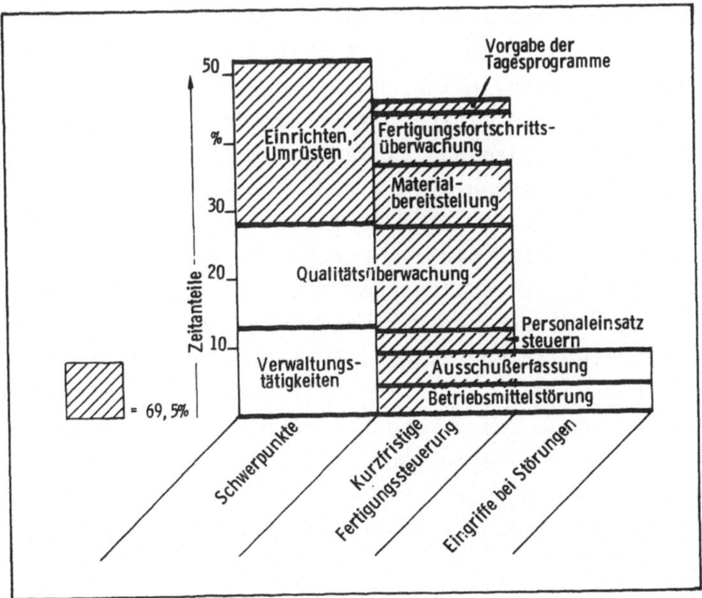

Bild 37: Tätigkeitsprofil der Einrichter (Ausschnitt)

Die Arbeitssysteme in der Rohteilbearbeitung, wie das zum Bearbeiten der Wagenaufnahme oder die Laufschienenfertigung, werden über EDV-erstellte Auftragslisten und Fertigungsaufträge gesteuert. Daraus werden die Stückzahlen der Schreibmaschinentypen von Produkt 1 und 2 entnommen, nach Länge und Variante sortiert, zusammengefaßt und gleichmäßig auf die 5 Arbeitstage einer Halbdekade aufgeteilt. Dieses Wochenprogramm wird im Werkstattbüro in eine Lieferliste eingetragen, die Grundlage für die tageweise Planung durch den Einrichter ist. Anhaltspunkt für die zu fertigenden Mengen ist der Bedarf der Montage, wie er in den tagesbezogenen Montagestückzahlen festgelegt ist. Der Vergleich der Bestände lt. Planstückzahlen, die den Verbrauch der Montage wiedergeben,und der gefertigten Ist-Stückzahl gibt den Anstoß für die jeweils zu fertigenden Längenvarianten. Feste Bestellpunkte sind allerdings nicht definiert. Die Losgrößen der Fertigungsaufträge sind meist eine Zusammenfassung von mehreren Tagesmengen. Der Einrichter legt gleichzeitig mit der Vorgabe der Auftragslose den Arbeitsplatz für den Werkstattmitarbeiter fest.

Untersucht man die Anteile der längenbezogenen Varianten der Wagenaufnahme an der Tagesproduktion in Teilefertigung und Montage, so ist festzustellen, daß in diesen Fertigungsbereichen bezogen auf einen gleichen Zeitraum die Stückzahlen unterschiedlich auf die einzelnen Varianten verteilt sind. In der Teilefertigung wird losweise gefertigt, d.h. für eine Variante durchläuft eine größere Menge zusammengefaßt als ein Fertigungslos den Werkstattbereich. Dies trifft im vorliegenden Fall bei einer tageweisen Betrachtung der gefertigten Variantenstückzahlen zu. In den Fällen wo mehrere Varianten an einem Tag gefertigt werden, geht z.B. der Durchlauf des Fertigungsloses über den Arbeitsbeginn bzw. das Arbeitsende des vorangehenden bzw. nachfolgenden Arbeitstages hinaus. Die Anpassung an den Bedarf der kontinuierlichen Fertigung in der Montage wird über einen Dispositionspuffer (Umlaufbestand) realisiert.

Während man sich bezüglich der Mengenplanung im alten Fertigungssteuerungssystem an folgenden Zielen orientiert:

- Sicherstellen einer nahezu 100%igen Lieferbereitschaft,
- ausreichend dimensionierter Arbeitsvorrat für die Werkstattmitarbeiter,

wird die Zielsetzung für das neue Fertigungssteuerungssystem erweitert. Zusätzlich zu den o.g. Punkten sollen möglichst niedrige Werkstattbestände erreicht und die Durchlaufzeit verkürzt werden. Damit sollen einerseits die Kapitalbindungskosten gemindert und andererseits die Flexibilität bezüglich Bedarfsschwankungen der Montage verbessert und flexiblere Personaleinsatzmöglichkeiten erzielt werden. Aus der Verwirklichung dieser Zielsetzungen ergibt sich ein Beitrag zur Wirtschaftlichkeit des Arbeitssystems.

6.2 Algorithmen zur kurzfristigen Fertigungssteuerung für den betrachteten Fertigungsbereich

6.2.1 Auswahl der Einzelaufgaben

Aus den Einzelaufgaben der kurzfristigen Fertigungssteuerung wird für den Anwendungsfall ein System entwickelt, das nur einen Teil der Einzelaufgaben enthält. Die ausgewählten Einzelaufgaben ermöglichen den Werkstattmitarbeitern eine weitgehende Selbststeuerung des Arbeitssystems, in den den Fertigungsdurchlauf bestimmenden Teilbereichen. Damit gelingt es durch Fertigungssteuerungsmaßnahmen Veränderungen im Fertigungsprozeß zu erzeugen, die sich kurzfristig auswirken, um Anhaltspunkte für die Beurteilung des entwickelten Systems zu erhalten. Die in /19/ enthaltenen Hinweise für die Konzeption von Fertigungssteuerungssystemen, in denen Werkstattmitarbeiter Fertigungssteuerungsaufgaben durchführen, werden entsprechend berücksichtigt. Es wird eine abgestufte Einführung der Fertigungssteuerungskonzeption empfohlen, in dem die Einzelaufgaben erst schrittweise von den Werkstattmitarbeitern übernommen werden. Als Endausbaustufe ist eine vollständige Übernahme denkbar.

Der enge Zusammenhang zwischen Fertigungsprozeß und Fertigungssteuerung setzt eine fertigungsprozeßbezogene Qualifikation der Werkstattmitarbeiter bei den meisten Fertigungssteuerungsaufgaben voraus. So können z.B. bei einem Wechsel an einen anderen Maschinenarbeitsplatz Werkzeugwechsel- oder Umrüstarbeiten notwendig sein. Meistens muß der Werkstattmitarbeiter diesbezüglich vom Werkstattführungspersonal, z.B. von einem Einrichter, unterstützt werden. Im vorliegenden Anwendungsfall haben alle Maschinenbediener bereits die erforderliche Qualifikation für diese Arbeiten erhalten und können daher unabhängig vom Werkstattführungspersonal arbeiten.

Die Einzelaufgaben werden unter den o.g. Gesichtspunkten und unter Berücksichtigung der in Abschnitt 5.5 beschriebenen Funktionsketten zusammengestellt. Bei der Arbeitsverteilung (vgl. Bild 32) besteht eine Und-Verknüpfung zwischen der Festlegung der Auftragsreihenfolge (AV 4) und der Auftragsveranlassung (AV 5). Da im vorliegenden Fall jeder Werkstattmitarbeiter eine Auftragsreihenfolge für seinen Arbeitsbereich festlegen soll, ist damit gleichzeitig auch die Auftragsveranlassung verbunden. Als Voraussetzung für die Einzelaufgabe AV 4 sind lediglich die Verfügbarkeit von Material und Arbeitsmitteln zu prüfen und das Material bereitzustellen. Damit ergeben sich die in Bild 38 ausgewählten Einzelaufgaben der Arbeitsverteilung.

ARBEITSVERTEILUNG

Verfügbarkeit kontrollieren
1 - Personal
2 - Material
3 - Arbeitsmittel
4 Auftragsreihenfolge festlegen
5 Auftragsbearbeitung veranlassen
6 Material bereitstellen
7 Materialtransport verantworten

FERTIGUNGSABLAUFSICHERUNG

1 Fertigungszustand feststellen
2 Rückmeldung verantworten
3 Soll-und Istfertigungszustand vergleichen
4 Störungsmeldungen auswerten
5 Rückstandslisten erstellen
Bei Störungen reagieren
6 - Personal
7 - Material
8 - Arbeitsmittel

QUALITÄTSSICHERUNG

1 Qualität nach Prüfplan und -vorschrift prüfen
2 Nachbearbeitung entscheiden (ohne Neuteilbeschaffung)
3 Nachbearbeitung veranlassen (mit Neuteilbeschaffung)
4 Ausschußmenge erfassen
5 Prüfergebnisse auswerten

ARBEITSMITTELPRÜFUNG

1 Arbeitsmittel auf Qualität prüfen
2 Arbeitsmittel auf Arbeits - sicherheit prüfen
3 Arbeitsmittelinstandhaltung veranlassen
4 Reaktion auf Störungen Arbeitsmittel

. ausgewählte Einzelaufgaben

Bild 38: Ausgewählte Einzelaufgaben im Anwendungsfall

Entsprechend den Funktionsketten der Fertigungsablaufsicherung (Bild 33) werden die Einzelaufgaben FA 1,3,7 und 8 in das System einbezogen. Mit Kenntnis des Fertigungszustandes des jeweiligen Fertigungsauftrages und der Planvorgaben kann ein Soll-Ist-Vergleich angestellt werden. Daneben werden die den einzelnen Arbeitsplatz betreffenden Störungsreaktionen bezüglich Material und Arbeitsmittel in das System integriert.

Aus den Bereichen der Qualitätssicherung und Arbeitsmittelprüfung werden nur Einzelaufgaben mit verhältnismäßig geringem Anforderungsniveau übernommen, da keine entsprechende Qualifikation bei den Werkstattmitarbeitern vorhanden war. Es werden daher Qualitätsprüfung, Ausschußerfassung und die Veranlassung der Arbeitsmittelinstandhaltung auf die Mitarbeiter übertragen.

6.2.2 Organisatorische Voraussetzungen zur Einführung

Das Arbeitssystem zur Bearbeitung der Wagenaufnahme ist in sieben Arbeitsbereiche aufgeteilt. Damit wird der Fertigungsablauf übersichtlicher gestaltet und für die kurzfristige Fertigungssteuerung vereinfacht. Für das Produkt 1 sind fünf Arbeitsbereiche und eine Durchlaufzeit von fünf Arbeitstagen vorgesehen. Die Arbeitsverteilung und die Fertigungsablaufsicherung wird dadurch tagesbezogen auf einen Arbeitsbereich beschränkt. Die in einem Arbeitsbereich eingeplanten Aufträge sind jeweils innerhalb eines Tages zu bearbeiten. Die genaue Zuordnung der Maschinen zu den Arbeitsbereichen läßt sich aus dem Layout in Bild 39 ersehen. Die Arbeitsbereiche 1 bis 5 betreffen den Typ 1, während in den Bereichen 6 und 7 Typ 2 bearbeitet wird.

Zur Unterstützung der Werkstattmitarbeiter werden organisatorische Hilfsmittel entworfen, die im folgenden beschrieben werden. Die Losbegleitkarte dient zur Kennzeichnung eines Fertigungsloses und enthält Angaben über Länge, d.h. Variante der Wagenaufnahme, Soll-Stückzahl sowie Soll-Endtermin. Aus Soll-Stückzahl und Soll-Endtermin wird die Losnummer gebildet. Die

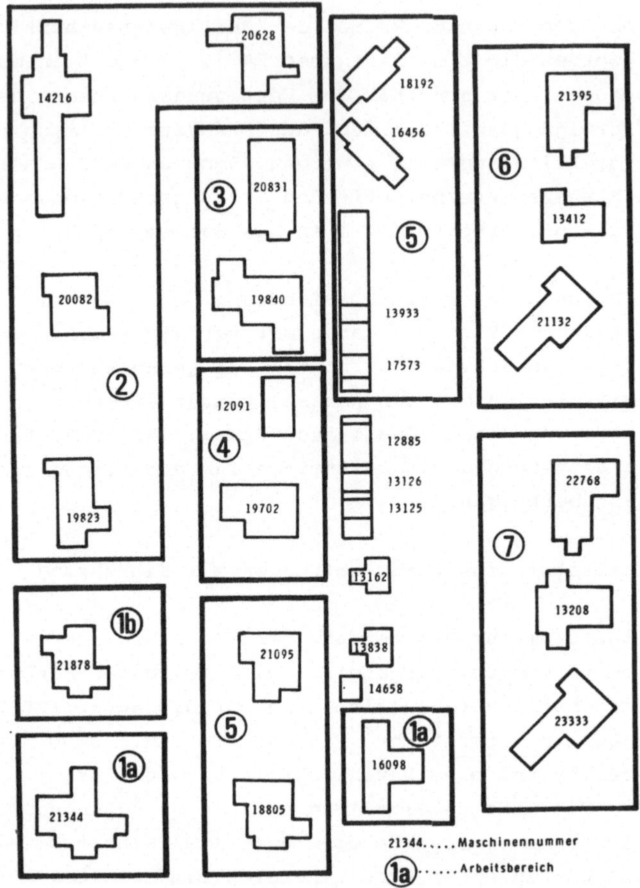

Bild 39: Einteilung des Arbeitssystems in Arbeitsbereiche

Losbegleitkarte wird von demjenigen Werkstattmitarbeiter erstellt, der das Fertigungslos im 1. Arbeitsbereich bearbeitet. Die Losbegleitkarte wird am Transportwagen befestigt und begleitet das Fertigungslos bis zur Weiterlieferung an die Montage.

Mit Hilfe des Tageseinplanungsblattes (Bild 40) wird die Bearbeitungsreihenfolge der einzelnen Varianten für jeden Arbeitsbereich von einem Werkstattmitarbeiter festgelegt. Diese Reihenfolge wird jeweils für den ersten Arbeitsvorgang ermittelt und gilt auch für alle weiteren Arbeitsvorgänge auf den Maschinen des Arbeitsbereiches. Für die zu bearbeitenden Fertigungslose werden Länge, Losnummer (Soll-Stückzahl/Soll-Endtermin), Bearbeitungszeit für den einzuplanenden Arbeitsvorgang und Reihenfolge der Bearbeitung eingetragen. Das Tageseinplanungsblatt wird im Arbeitsbereich offen ausgelegt, damit die Mitarbeiter, die eventuell im Laufe des Tages in diesen Bereich hineinwechseln, in der vorgesehenen Reihenfolge weiterarbeiten können.

AT 128	Einplanung im Bereich		
Länge	**Los-Nr.** Stückzahl / Soll-ET	**Bearbeitungszeit**	**Reihenfolge**
33	120/131	110	3
38	120/131	170	2
46	160/131	260	1

Bild 40: Tageseinplanungsblatt

Die Lieferliste wird zur Arbeitsverteilung und zur Fertigungsablaufsicherung verwendet. Für die Arbeitsverteilung werden die Datenfelder "SET" für den Soll-Endtermin und "SOLL" für die Soll-Stückzahl, vom Werkstattbüro vorgegeben und von den Werkstattmitarbeitern zur täglichen Einplanung herangezogen. Zusammen mit der Losnummer wird der Anfangstermin vermerkt. Nach der Fertigungsstellung wird der jeweilige Arbeitstag und die gefertigte Stückzahl festgehalten.

Das Stück-Zeit-Diagramm (Bild 41) zeigt variantenbezogen die Abhängigkeit zwischen Menge und Bearbeitungszeit für jede Arbeitsvorgangsfolge in den verschiedenen Arbeitsbereichen. Damit kann die Bearbeitungszeit für jedes Fertigungslos vom Werkstattmitarbeiter ermittelt werden.

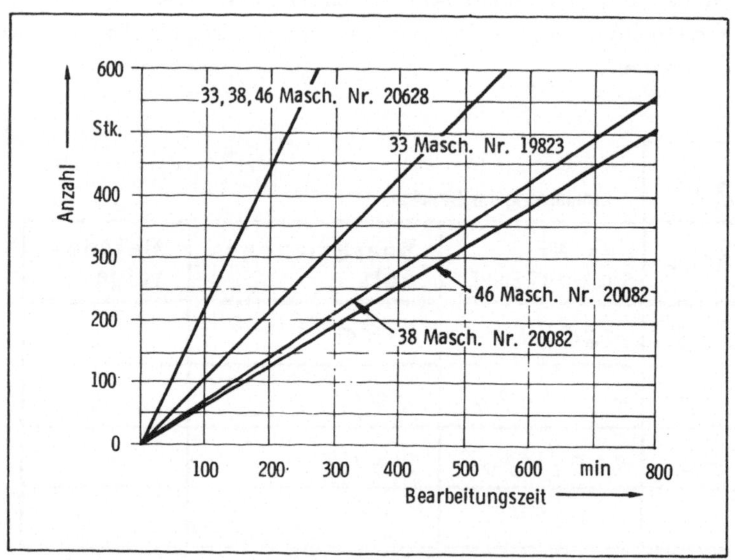

Bild 41: Stück-Zeit-Diagramm für Bereich 2, Varianten 33 bis 46 cm

6.2.3 Ablauf der kurzfristigen Fertigungssteuerung

Die Einteilung des Arbeitssystems in Arbeitsbereiche ist aus dem Gedanken entstanden, daß jedes Fertigungslos in einem Tag einen Arbeitsbereich durchläuft und damit von einem Werkstattmitarbeiter von der Einplanung bis zur Weiterleitung in den nächsten Arbeitsbereich vollständig bearbeitet und gesteuert wird. Grundlage dafür ist eine Durchlaufzeit von ca. 5 Arbeitstagen, die aus den Programmstückzahlen der Bandauflage von

AT 176 - AT 211 ermittelt wurde. Durch Festlegen einer annähernd konstanten Durchlaufzeit kann jeden Tag die Stückzahl an die Montage geliefert werden, die entsprechend der EDV-erstellten Bandauflage benötigt wird. Bedingung dafür ist, daß der erste Arbeitsvorgang 5 Tage vor Beginn der Montage angefangen werden muß und eine bestimmte Anzahl von Arbeitsvorgängen innerhalb eines Tages bearbeitet wird. Diese Arbeitsvorgänge werden im weiteren Sollbearbeitungsgänge genannt.

Für die Festlegung der Reihenfolge gelten folgende Regeln:

- Regel 1: Befindet sich im Arbeitsbereich ein Fertigungslos, das am Vortage nicht vollständig bearbeitet wurde, so ist dieses Los zuerst weiter zu bearbeiten.
- Regel 2: Trifft Regel 1 nicht zu, bzw. gibt es mehrere angefangene Lose, so wird das Los mit dem frühesten Sollendtermin zuerst bearbeitet.
- Regel 3: Bei gleichem Sollendtermin entscheidet man mit Hilfe der aus den Stück-Zeit-Diagrammen ermittelten Gesamtbearbeitungszeit über die Reihenfolge.

Mit Regel 1 wird vermieden, daß unvollständig bearbeitete Lose in einem Arbeitsbereich verbleiben. Durch Regel 2 wird sichergestellt, daß Lose, die sich aus verschiedenen Gründen verspätet haben, bevorzugt bearbeitet werden. Mit der dritten Regel wird erreicht, daß auch Lose mit hoher Bearbeitungszeit termingerecht das Arbeitssystem verlassen können. Für solche Lose werden die Übergangszeiten durch Regel 3 zugunsten kleinerer Lose verkürzt. Das summarische Ergebnis der Einplanungsregeln ist eine relative Termintreue aller Lose. Die ermittelte Reihenfolge ist für den eingeplanten Tag für alle Mitarbeiter, auch diejenigen, die ggf. in diesen Arbeitsbereich hineinwechseln, verbindlich. Wird mit der Bearbeitung des Soll-Arbeitsvorrates für den nächsten Arbeitstag begonnen, so ist ebenfalls eine Bearbeitungsreihenfolge festzulegen, die dann auch für den nächsten Tag gültig ist.

Ein Arbeitsplatzwechsel erfolgt, wenn der verfügbare Soll-Arbeitsvorrat für den gegenwärtigen Arbeitsplatz bzw. Arbeitsbereich abgearbeitet ist. Der verfügbare Soll-Arbeitsvorrat berücksichtigt auch die Arbeitsfolgen, die sich an die erste, eingeplante Arbeitsfolge anschließen. Ziel ist es, alle in einem Arbeitsbereich vorhandenen Fertigungslose so weit zu bearbeiten, daß sie im nächstfolgenden Arbeitsbereich weiter bearbeitet werden können.

Aufgrund der bereits vorhandenen Qualifikation der Werkstattmitarbeiter bezüglich Einrichtetätigkeiten ist das Modell ohne weitere Vorbereitung in der betrieblichen Praxis eingeführt worden. Die Modellarbeitsgruppe ist in einer mehrtägigen Unterweisung in den Einzelaufgaben der kurzfristigen Fertigungssteuerung geschult worden /42/. Grundlage dazu sind die in dieser Arbeit entwickelten Algorithmen. Nach einer Testphase von 2 Monaten, in der ein Einrichter die Gruppe bei der Durchführung der Fertigungssteuerung unterstützt hat, wird von den Werkstattmitarbeitern die Selbststeuerung praktiziert. Die Eingriffe des Einrichters beschränken sich von diesem Zeitpunkt an nur auf die Unterstützung bei schwierigen technischen Problemen an den Betriebsmitteln und die Durchführung der im Modell nicht einbezogenen Einzelaufgaben. Diese Einzelaufgaben werden teilweise auch in Zusammenarbeit mit dem Meister bearbeitet. Nach einem weiteren Monat ist der angestrebte Endzustand der kurzfristigen Fertigungssteuerung erreicht worden. Dies wird durch eine Verringerung des Umlaufbestandes und eine Verkürzung der Durchlaufzeit nachgewiesen.

Mit den Kenntnissen über die Zusammenhänge von Fertigungssteuerung und Fertigungsprozeß in der eigenen und anderen im Materialfluß nachgelagerten Gruppen wird ein verstärktes Bewußtsein für den technisch-organisatorischen Arbeitsablauf geschaffen. Insbesondere können kurzfristige Prioritäten und Termintreue vom einzelnen Werkstattmitarbeiter in ihren Auswirkungen besser eingeschätzt und daher zielgerichtet berücksichtigt werden. Außerdem wird die Personalflexibilität durch die universalen Einsatzmöglichkeiten der Werkstattmitarbeiter an jedem Arbeitsplatz entscheidend verbessert.

6.3 Beurteilung der durchgeführten Maßnahmen anhand von Umlaufbestand und Durchlaufzeit

Nach /43/ setzt sich der Umlaufbestand eines Arbeitssystems aus folgenden Bestandteilen zusammen:

- Fixumlauf
- Sicherheitspuffer
- Dispositionspuffer
- Zwischenlager.

Im folgenden werden die einzelnen Umlaufbestandteile hinsichtlich ihrer Bedeutung für das vorliegende Arbeitssystem diskutiert. Der F i x u m l a u f wird sowohl für den Ausgangszustand als auch für das neue Arbeitssystem vernachlässigt werden, da an den Bearbeitungsstationen keine Veränderung hinsichtlich der Anzahl der aufzunehmenden Werkstücke vorgenommen wird. Verkettungseinrichtungen sind nicht vorhanden.

Der S i c h e r h e i t s p u f f e r vermeidet Leerlaufzeiten durch häufig auftretende kleine Störungen und fängt Verzögerungen des Fertigungsablaufs auf. Bei einem Verhältnis von 24:10 zwischen Bearbeitungsstationen und Werkstattmitarbeitern sind Leerzeiten für Werkstattmitarbeiter nur bei einem gleichzeitigen Ausfall von mehreren Maschinen denkbar.

Sowohl im Ausgangszustand als auch im neu strukturierten Arbeitssystem übernimmt der D i s p o s i t i o n s p u f f e r die Aufgabe der Umsetzung von Transporteinheiten auf Bearbeitungseinheiten. Auch seine Funktion als Warteraum bleibt erhalten. Allerdings erreicht der Dispositionspuffer im Ausgangszustand eine maximale Höhe von ca. 3500 Werkstücken bei Arbeitsvorgang 1800. Insgesamt sind in allen Dispositionspuffern zusammen durchschnittlich 13000 bis 14000 Werkstücke enthalten. Im organisatorisch veränderten Arbeitssystem beläuft sich die Gesamtstückzahl nur noch auf 3000 bis 6000 Werkstücke, wobei die einzelnen Dispositionspuffer maximal 500 bis 600 Werkstücke aufnehmen.

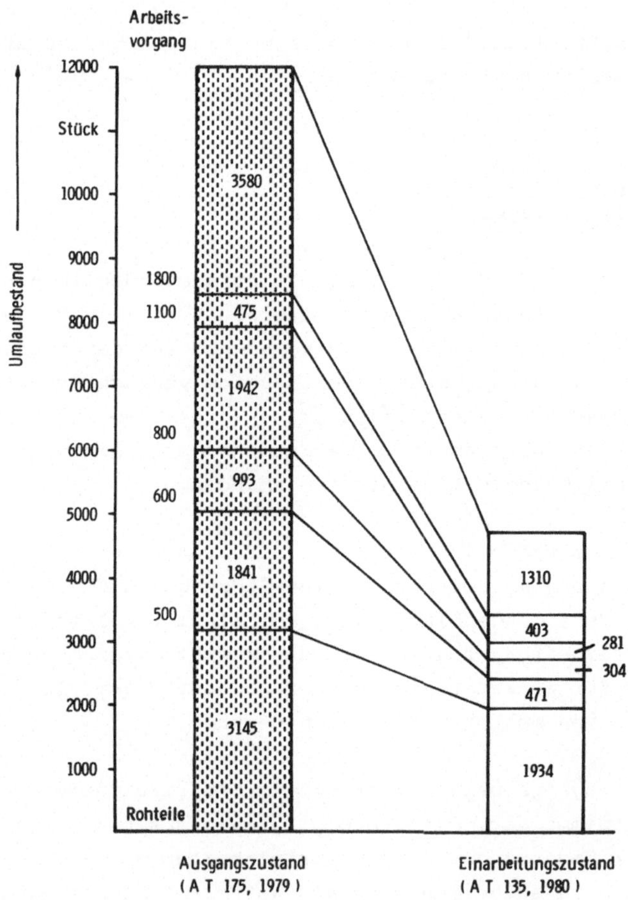

Bild 42: Umlaufbestand im Ausgangszustand und nach Einarbeitung

Die unterschiedlichen Bestände in den Dispositionspuffern (Bild 42) erklären sich aus der unterschiedlichen Art der kurzfristigen Fertigungssteuerung. Durch hohe Umlaufbestände im Ausgangszustand konnten die in Abschnitt 6.2 genannten Ziele ohne großen Aufwand bei der kurzfristigen Fertigungssteuerung erreicht werden. Es ist stets eine ausreichende Anzahl von Werkstücken in unterschiedlichen Bearbeitungszuständen vorhanden, um flexibel auf Nachfrageschwankungen der Montage reagieren zu können. Auch der Rohumlaufbestand gewährleistet einen ausreichenden Arbeitsvorrat für die Werkstattmitarbeiter. Ein kurzfristig auftretender Bedarf an Fertigteilen wird durch die hohen Bestände in den unterschiedlichen Fertigungsstufen auch innerhalb kürzester Frist befriedigt.

Im neu konzipierten Arbeitssystem werden diese Ziele dadurch erreicht, daß eine Umlaufbestandsreduzierung durch eine bessere und flexiblere kurzfristige Fertigungssteuerung unterstützt wird. Schwerpunkte dieser Verbesserung sind die Umstellung von wochenbezogenen Losgrößen auf tagesbezogene Losgrößen sowie die Vorgabe von festen Durchlaufzeiten für die Fertigungslose.

Im Dispositionspuffer wird die Änderung der Fertigungsfolge zwischen Teilefertigung und Montage erreicht. Dies ist nur eine untergeordnete Aufgabe. Allerdings kann damit das Zwischenlager mit seiner Anpassungsfunktion zwischen Teilefertigung und Montage entfallen.

Neben der Verringerung des Umlaufbestandes wird die Durchlaufzeit verkürzt und damit die Vorlaufverschiebung zwischen Teilefertigung und Montage reduziert.

Für den Zeitraum Arbeitstag 91 bis 171 ist in Bild 43 die durchschnittliche Durchlaufzeit der Lose und die im Arbeitssystem gefertigte Gesamtstückzahl dargestellt.

Das Verkürzen der Durchlaufzeit in der 1. Phase bei quasi gleichbleibender Produktionsstückzahl zeigt deutlich den positiven Einarbeitungseffekt der Werkstattmitarbeiter im neuen Arbeitssystem.

Bei der Berechnung der Durchschnittswerte werden jeweils alle die Lose herangezogen, die in der betreffenden Woche gestartet werden. Der Verlauf der Durchlaufzeit läßt sich in zwei Phasen

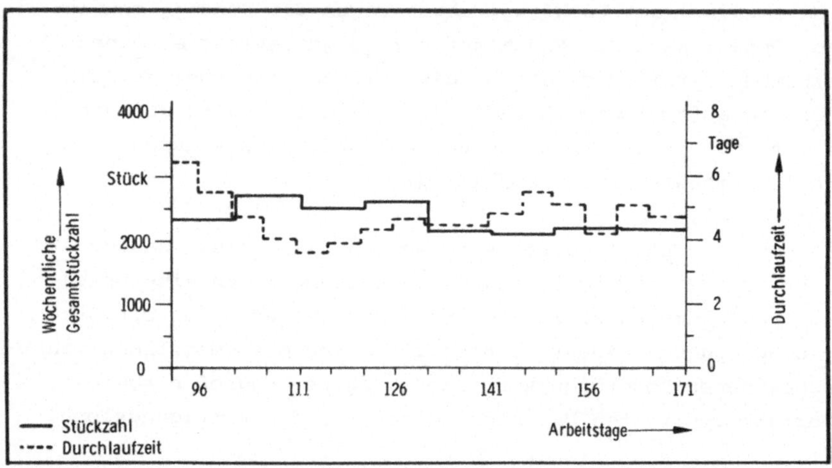

Bild 43: Wöchentliche Produktionsstückzahlen und Durchschnittliche Durchlaufzeiten

einteilen. Eine Einarbeitungsphase (Arbeitstag 91 bis 115), in der die Durchlaufzeit von 6,3 Tagen auf 3,6 Tage zurückgeht und eine zweite Phase, der Zustand, in dem sich die Durchlaufzeit auf den geplanten Wert von 5 Tagen einpendelt. Der leichte Anstieg der Durchlaufzeit in der zweiten Phase ist auf eine Verminderung der im Arbeitssystem beschäftigten Werkstattmitarbeiter zurückzuführen. Die etwas stärkeren Abweichungen im Zeitraum zwischen Arbeitstag 146 und 161 sind die Auswirkungen der durchschnittlichen Arbeitszeit der Werkstattmitarbeiter von nur 4 Stunden pro Tag in der Zeit von Arbeitstag 146 bis 150.

Ergänzend zur Beurteilung des Fertigungssteuerungsmodells über Umlaufbestand und Durchlaufzeit ist in Abschnitt 7.5 die Ermittlung eines betriebsorganisatorischen Arbeitssystemwertes beschrieben.

7 SAMMLUNG ERGÄNZENDER ARBEITSERGEBNISSE

7.1 Definitionen der Einzelaufgaben der kurzfristigen Fertigungssteuerung

Arbeitsverteilung (AV):

Zuteilung der Aufgaben oder Aufträge entsprechend der vorgegebenen Reihenfolgean die entsprechenden Arbeitssysteme in der Form, daß die Durchführung termingemäß begonnen und beendet werden kann.

AV1: Feststellen, ob zum geplanten Startzeitpunkt des Auftrags das zur Bedienung der benötigten Arbeitsmittel erforderliche Personal verfügbar ist.

AV2: Feststellen, ob zum geplanten Startzeitpunkt des Auftrags das erforderliche Material am Arbeitsplatz verfügbar ist.

AV3: Feststellen, ob zum geplanten Startzeitpunkt des Auftrags die zur Bearbeitung des Materials erforderlichen Arbeitsmittel verfügbar sind.

AV4: Festlegen, in welcher Reihenfolge die anstehenden Aufträge je Arbeitsplatz zu bearbeiten sind. Dabei sind Dringlichkeit, Rüstzeiten und Kapitalbindung zu berücksichtigen.

AV5: Die vom Mitarbeiter im Arbeitssystem zur Bearbeitung eines Auftrags benötigten Arbeitsbelege zur Auftragsveranlassung termingerecht ausgeben.

AV6: Das zur Bearbeitung eines Auftrags benötigte Material in der richtigen Menge und zur richtigen Zeit am richtigen Ort bereitstellen.

AV7: Materialtransport innerhalb und außerhalb eines Arbeitssystems verantworten. Dies betrifft den Transport vom Lager zum Bereitstellungsplatz bzw. zwischen zwei Arbeitssystemen bzw. vom Arbeitssystem zum Lager oder den Transport vom Bereitstellungsplatz zum Arbeitsplatz und zwischen zwei Arbeitsplätzen bzw. vom Arbeitsplatz zum Bereitstellplatz.

Fertigungsablaufsicherung (FA):

Sicherung und Überwachung des Fertigungsablaufs der Arbeitsvorgänge hinsichtlich Auftragsmenge und Termin.

FA1: Feststellen, wie weit ein Teil oder ein Los zu einem bestimmten Zeitpunkt bearbeitet ist (z.B. Teil 7 fertig bis Arbeitsvorgang drehen.

FA2: Verantwortung für die Rückmeldung eines definierten Fertigungsfortschritts an das übergeordnete Steuerungssystem übernehmen(z.B. alle 50 Stück oder nach jedem Arbeitsvorgang). Die Meldung kann informell oder über einen Beleg erfolgen.

FA3: Terminlicher oder mengenmäßiger Vergleich der im Belegungsplan vorgegebenen Soll-Daten mit dem Ist-Fertigungszustand.

FA4: Störungsmeldungen, die durch
- Ausfall von Personal, Energie, Arbeitsmittel
- fehlerhaftes oder fehlendes Material
- fehlerhafte oder fehlende Arbeitsbelege
- fehlerhafte Fertigungssteuerung

entstehen, für weitere vorbeugende Maßnahmen auswerten.

FA5: Zusammenstellen einer Tabelle mit Material-/Teilepositionen, die mengenmäßige und zeitliche Abweichungen gegenüber den Planvorgaben aufweisen. Anhand der Rückstandsliste können die Auswirkungen für den weiteren Arbeitsablauf abgeschätzt und korrektive Maßnahmen eingeleitet werden.

FA6: Bei Ausfall von Personal Maßnahmen ergreifen, die sicherstellen, daß die Fertigungsaufgaben im Rahmen der Planung erfüllt werden.

FA7: Bei fehlerhaftem oder fehlendem Material Maßnahmen ergreifen, um Material zu beschaffen, fehlendes Material zu melden oder umzuplanen.

FA8: Bei Ausfall von Arbeitsmitteln ist eine Reparatur zu veranlassen bzw. Ausweichkapazität zu ermitteln und in Anspruch zu nehmen.

<u>Qualitätssicherung (QS):</u>

Tätigkeiten zur Einhaltung der Qualität von Material, Erzeugnissen und Arbeitsmitteln.

QS1: Feststellen, inwieweit Material, Teile, Fertigerzeugnisse usw. die vorgegebene Qualitätsanforderungen erfüllen.

QS2: Entscheiden, ob die festgestellten Qualitätsmängel durch Nachbearbeitung ohne Neuteilbeschaffung beseitigt werden können.

QS3: Beschaffen von Neuteilen, um festgestellte Qualitätsmängel über Nachbearbeitung zu beseitigen.

QS4: Erfassen der Menge von Material, Teilen, Fertigerzeugnissen usw., die die vorgegebenen Qualitätsanforderungen nicht erfüllen.

QS5: Ergebnisse der Qualitätsprüfung zusammenstellen, um Auswirkungen auf den weiteren Arbeitsablauf abzuschätzen bzw. korrektive Maßnahmen zur Vermeidung von Qualitätsmängeln einzuleiten.

Arbeitsmittelprüfung (AP):

Laufende Prüfung, Abnahme und Freigabe von Arbeitsmitteln.

AP1: Feststellen, inwieweit die Arbeitsmittel im Arbeitssystem die vorgegebenen Qualitätsanforderungen erfüllen.

AP2: Feststellen, inwieweit die Arbeitsmittel im Arbeitssystem die vorgegebenen Arbeitsschutzvorschriften erfüllen.

AP3: Laufende Instandhaltung der Arbeitsmittel veranlassen und hinsichtlich Menge, Termin und Kosten überwachen.

AP4: Arbeitsmittel nach Nutzungsunterbrechung entsprechend den betrieblichen Vorschriften abnehmen und zur Weiterverwendung freigeben.

7.2 Betriebs- und Arbeitssystemprofile der Ist-Analyse

BETRIEBSPROFIL

Arbeitssystemnummer	Auftragstyp	Fertigungstyp	Organisatonstyp der Vorfertigung	Organisationstyp der Endmontage	Mitarbeiter gesamt	Mitarbeiter im untersuchten Produktionsbereich
1	Kunden-auftrags-fertigung	Klein-serien-fertigung	Werkstatt-fertigung	Werkstatt-fertigung	750	50
2	Kunden-auftrags-fertigung	Klein-serien-fertigung	Werkstatt-fertigung	Linien-fertig. o. Zwangs-lauf	1000	160
3	Lager-fertigung	Serien-fertigung	Werkstatt-fertigung	Linien-fertig. o. Zwangs-lauf	1200	40
4	Lager-fertigung	Serien-fertigung	Werkstatt-fertigung	Linien-fertig. o. Zwangs-lauf	3000	62
5,6	Kunden-auftrags-fertigung	Serien-fertigung	Werkstatt-fertigung	Linien-fertigung im Zwangsl.	1800	336 84
7	Kunden-auftrags-fertigung	Serien-fertigung	Werkstatt-fertigung	Linien-fertig. o. Zwangs-lauf	1100	90

Bild 44: Betriebsprofil der untersuchten Arbeitssysteme

ARBEITSSYSTEMPROFIL

Arbeitssystemnummer	PRODUKTE	Anzahl Typen	Anzahl Varianten	Anzahl unterschiedliche Teile / Produkt	Durchschnittliche Losgröße / Auftrag (Stück)	Durchschnittliche Durchlaufzeit / Auftrag (Tage)	Anzahl Programmänderungen / Monat	Anzahl Aufträge / Monat	Anzahl vorgelagerte Bereiche	Arbeitsverteilung	Leitstand	Anzahl Meister	Anzahl unterstellter Facharbeiter / Meister	Anzahl unterstellte Angelernte / Meister	Anzahl Transportarbeiter	Organisationstyp
1	Autowaschanlagen	12	100	150	25	2	10	60	3	dezentral	nicht vorhanden	1	9	6	1	9
2	Müllwagen	30	470	900	4	10	7	45	4	zentral	vorhanden	1	30	5	3	4
3	Elektrospeicheröfen	11	22	80	1500	3	0	20	2	dezentral	nicht vorhanden	1	1	39	2	1
4	Elektroherde	4	30	300	2000	10	35	10	3	zentral	vorhanden	2	0	30	2	2
5	Schreibmaschin.	7	800	500	100	3	15	20	4	dezentral	nicht vorhanden	3	6	112	3	6
6	Schreibmaschin. gussteil	2	12	1	150	5	10	25	2	dezentral	nicht vorhanden	2	25	12	0	6
7	Elektromotorwellen	3	11	1	220	8	20	35	1	dezentral	nicht vorhanden	1	18	22	1	2

Bild 45: Arbeitssystemprofil der untersuchten Arbeitssysteme

7.3 Klassifizierung der Einzelaufgaben

R:0 0,4 0,6 0,9 1

AV1 Personalverfügbarkeit kontrollieren
AV3 Arbeitsmittelverfügbarkeit kontrollieren
AV2 Materialverfügbarkeit kontollieren
AV6 Material bereitstellen
AV7 Materialtransport verantworten
AV4 Auftragsreihenfolge festlegen
AV5 Auftragsbearbeitung veranlassen
FA 5 Rückstandslisten erstellen
QS2 Nachbearbeitung entscheiden (ohne Neuteilbeschaffung)
QS3 Nachbearbeitung veranlassen (mit Neuteilbeschaffung)
QS1 Qualität nach Prüfplan und-vorschrift prüfen
QS4 Ausschußmenge erfassen
QS5 Prüfergebnisse auswerten
FA 1 Fertigungszustand feststellen
FA2 Rückmeldung verantworten
FA3 Soll- und Istfertigungszustand vergleichen
FA6 Bei Personalstörung reagieren
FA8 Bei Arbeitsmittelstörung reagieren
FA4 Störungsmeldungen auswerten
FA7 Bei Materialstörung reagieren
AP1 Arbeitsmittel auf Qualität prüfen
AP2 Arbeitsmittel auf Arbeitssicherheit prüfen
AP3 Arbeitsmittelinstandhaltung veranlassen
AP4 Arbeitsmittel freigeben

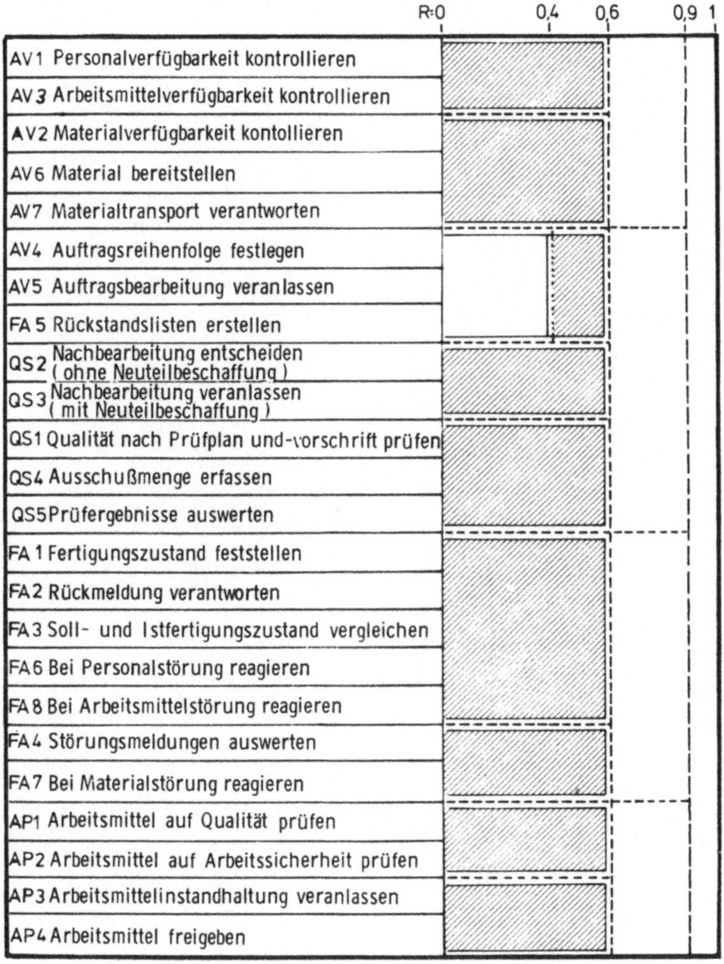

Bild 46: Klassifizierung der Einzelaufgaben

7.4 Algorithmen der Einzelaufgaben

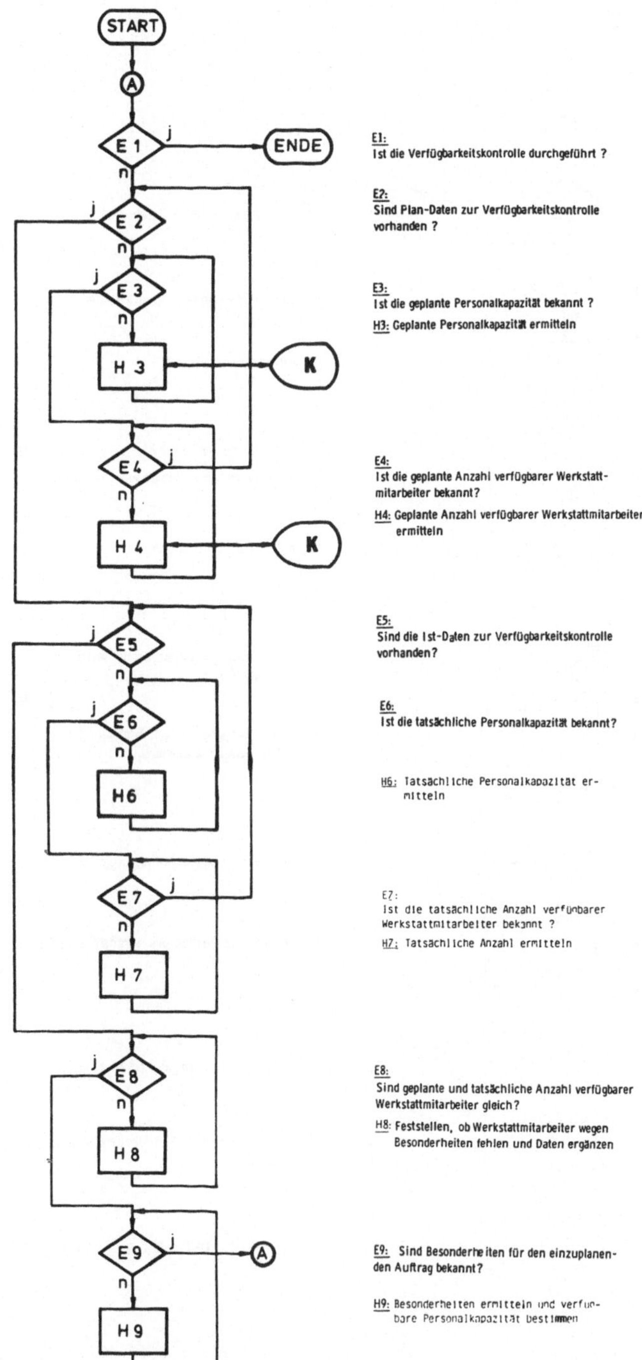

Bild 47: Algorithmus zur Einzelaufgabe Personalverfügbarkeit kontrollieren

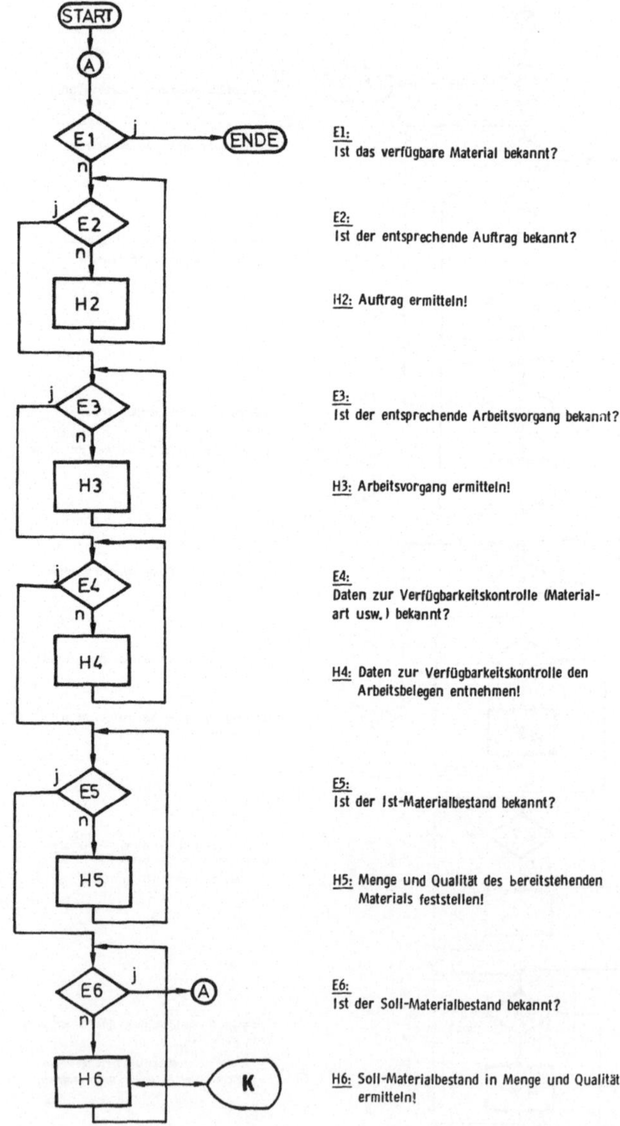

Bild 48: Algorithmus zur Einzelaufgabe Materialverfügbarkeit kontrollieren

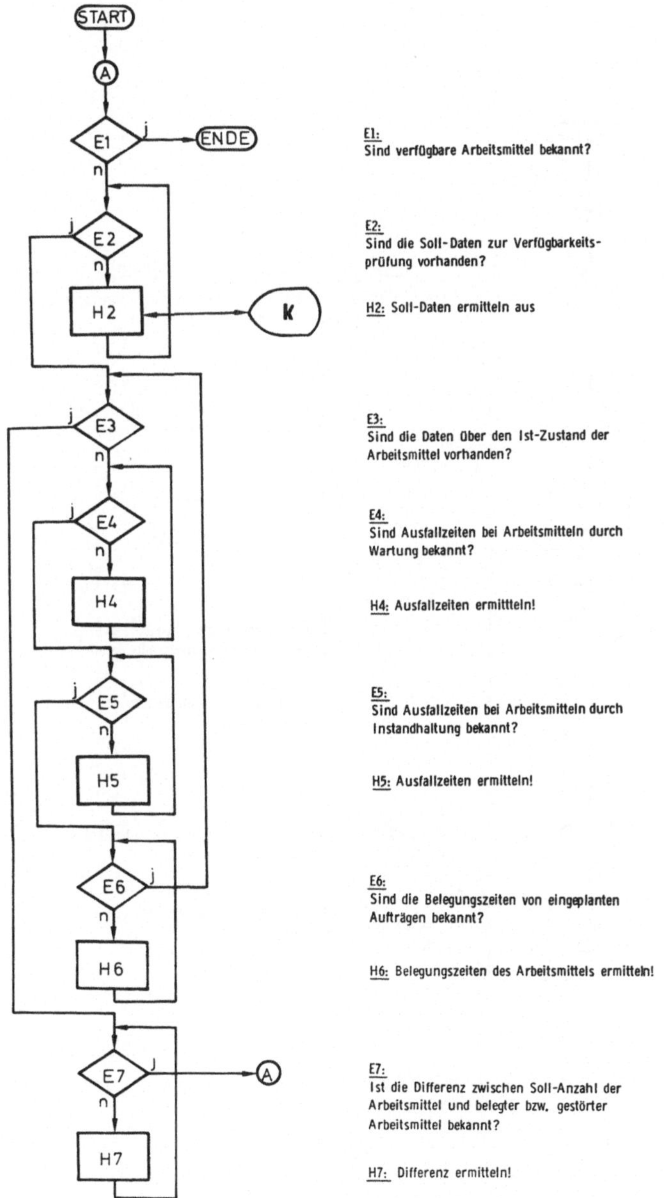

E1:
Sind verfügbare Arbeitsmittel bekannt?

E2:
Sind die Soll-Daten zur Verfügbarkeitsprüfung vorhanden?

H2: Soll-Daten ermitteln aus

E3:
Sind die Daten über den Ist-Zustand der Arbeitsmittel vorhanden?

E4:
Sind Ausfallzeiten bei Arbeitsmitteln durch Wartung bekannt?

H4: Ausfallzeiten ermittteln!

E5:
Sind Ausfallzeiten bei Arbeitsmitteln durch Instandhaltung bekannt?

H5: Ausfallzeiten ermitteln!

E6:
Sind die Belegungszeiten von eingeplanten Aufträgen bekannt?

H6: Belegungszeiten des Arbeitsmittels ermitteln!

E7:
Ist die Differenz zwischen Soll-Anzahl der Arbeitsmittel und belegter bzw. gestörter Arbeitsmittel bekannt?

H7: Differenz ermitteln!

Bild 49: Algorithmus zur Einzelaufgabe Arbeitsmittelverfügbarkeit kontrollieren

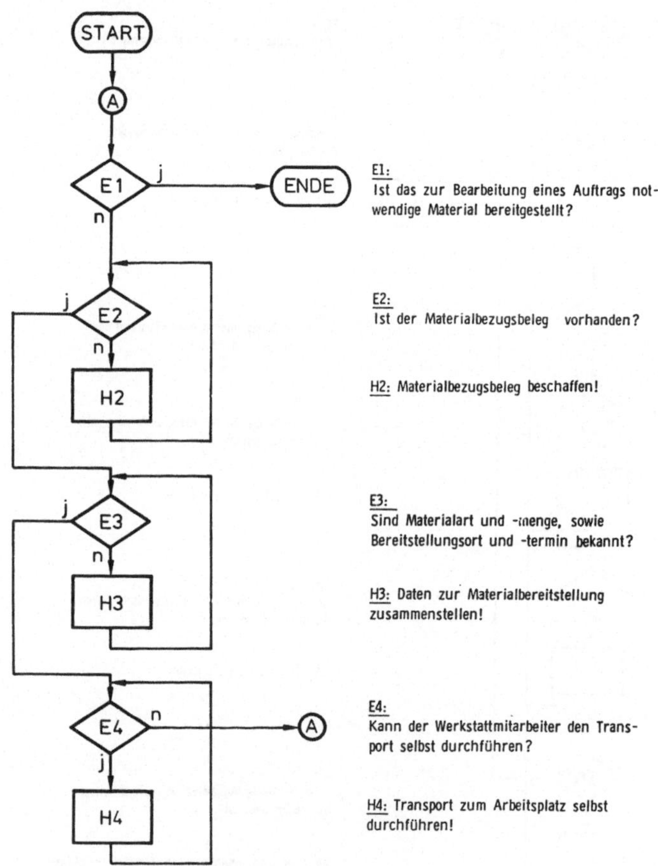

Bild 50: Algorithmus zur Einzelaufgabe Material bereitstellen

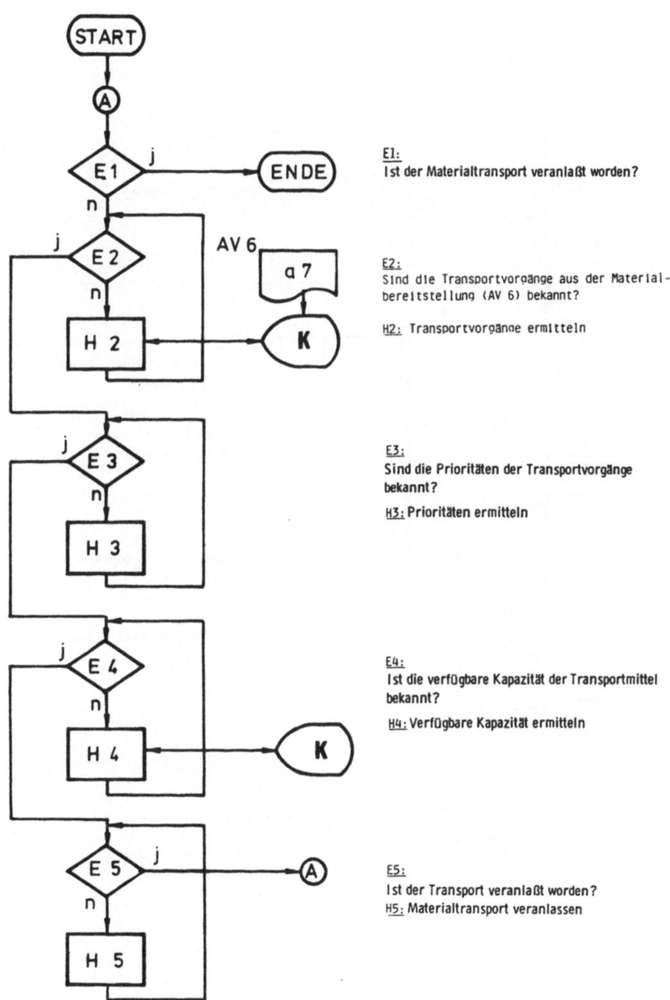

Bild 51: Algorithmus zur Einzelaufgabe Materialtransport verantworten

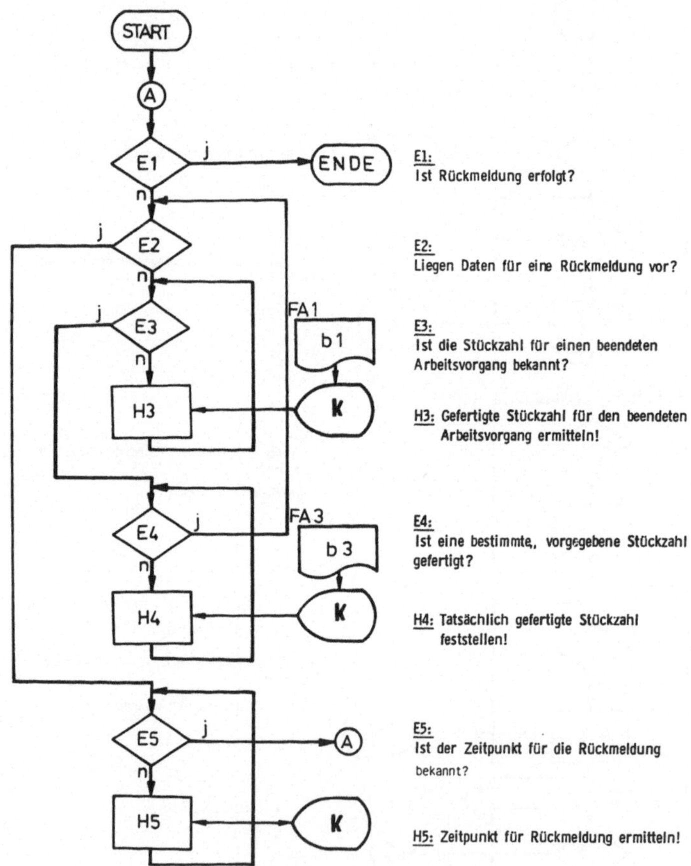

Bild 52: Algorithmus zur Einzelaufgabe Rückmeldung verantworten

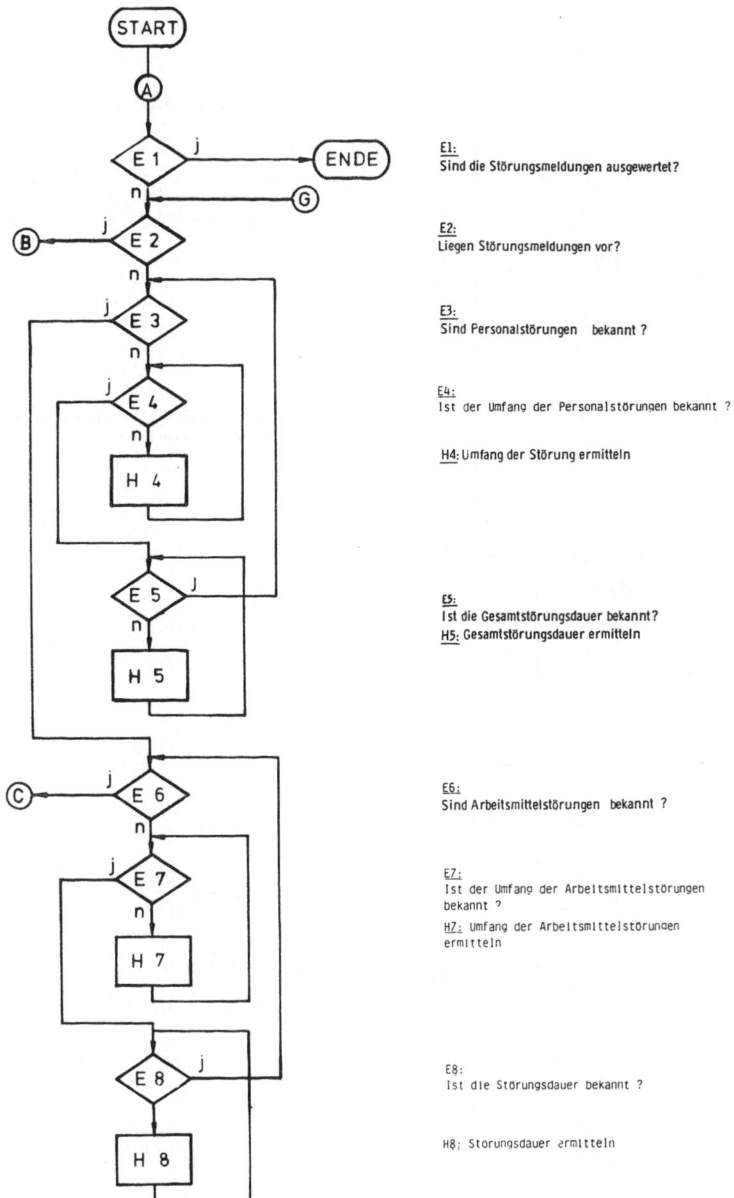

Bild 53a: Algorithmus zur Einzelaufgabe Störungsmeldungen auswerten

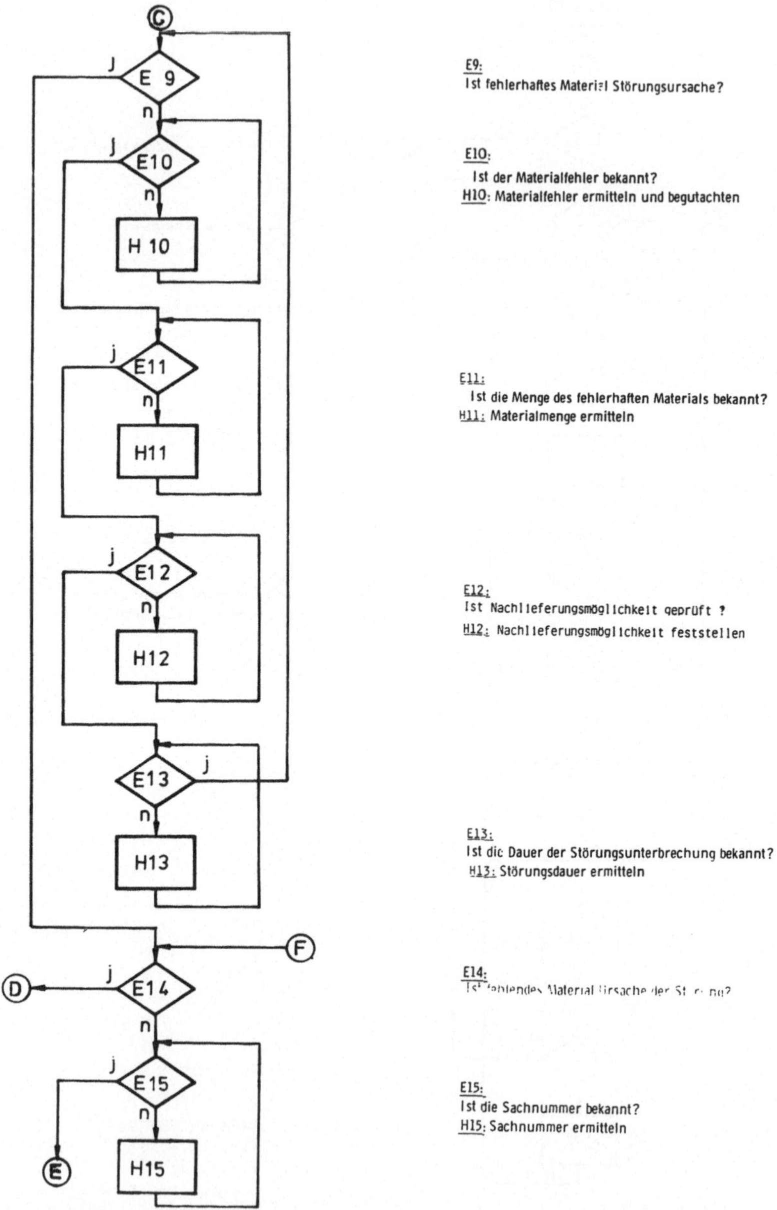

Bild 53b: Algorithmus zur Einzelaufgabe Störungsmeldungen auswerten (Fortsetzung)

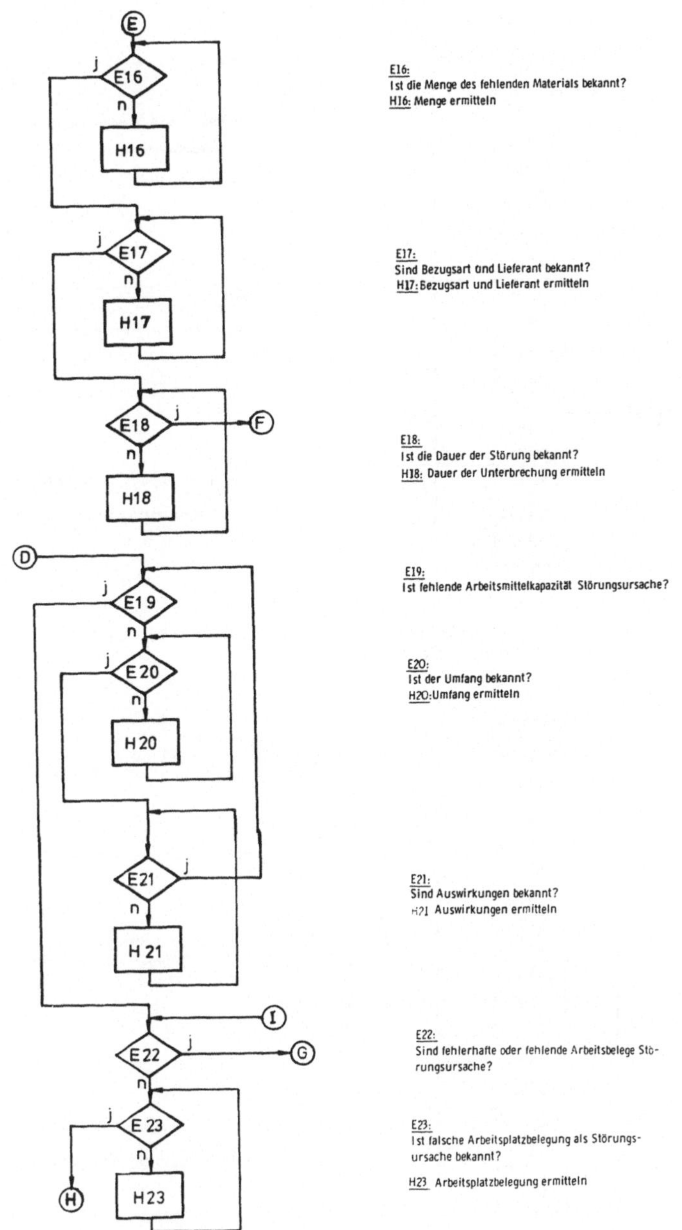

Bild 53c: Algorithmus zur Einzelaufgabe Störungsmeldungen auswerten (Fortsetzung)

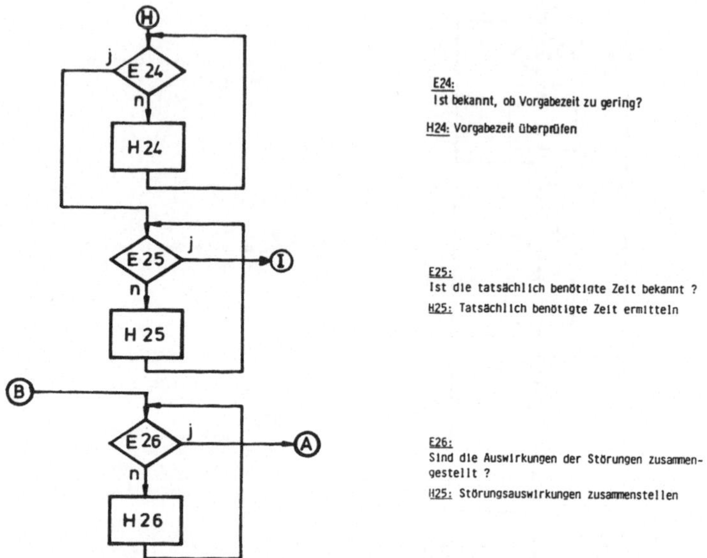

Bild 53d: Algorithmus zur Einzelaufgabe Störungsmeldungen auswerten (Fortsetzung)

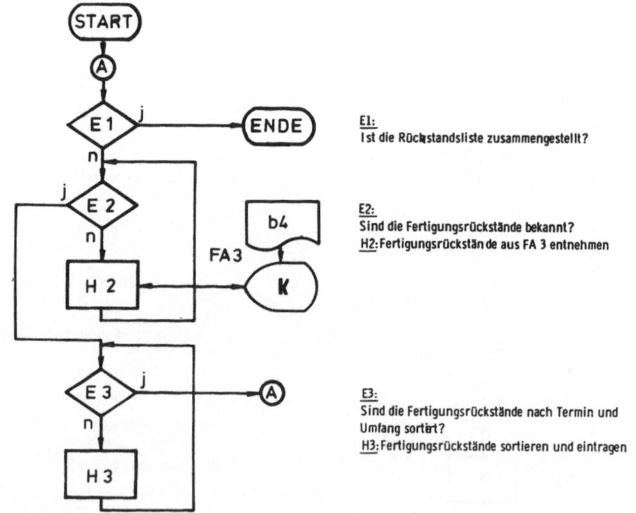

Bild 54: Algorithmus zur Einzelaufgabe Rückstandslisten erstellen

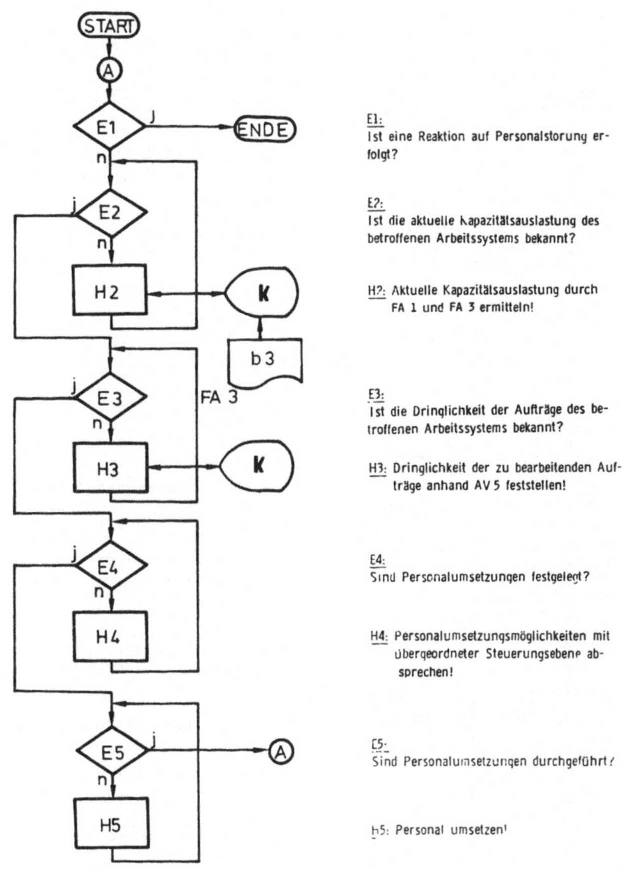

Bild 55: Algorithmus zur Einzelaufgabe Personalstörungsreaktion

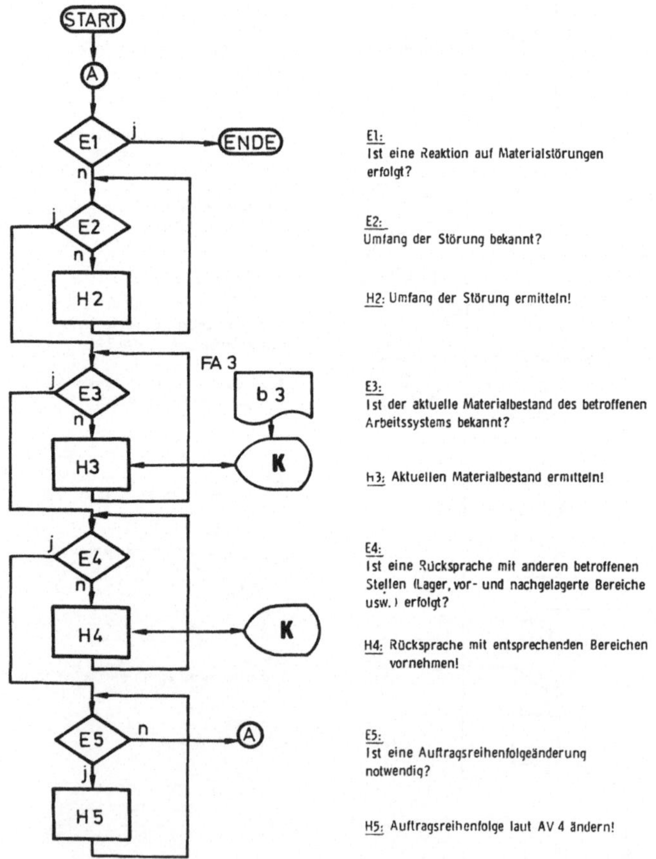

Bild 56: Algorithmus zur Einzelaufgabe Materialstörungsreaktion

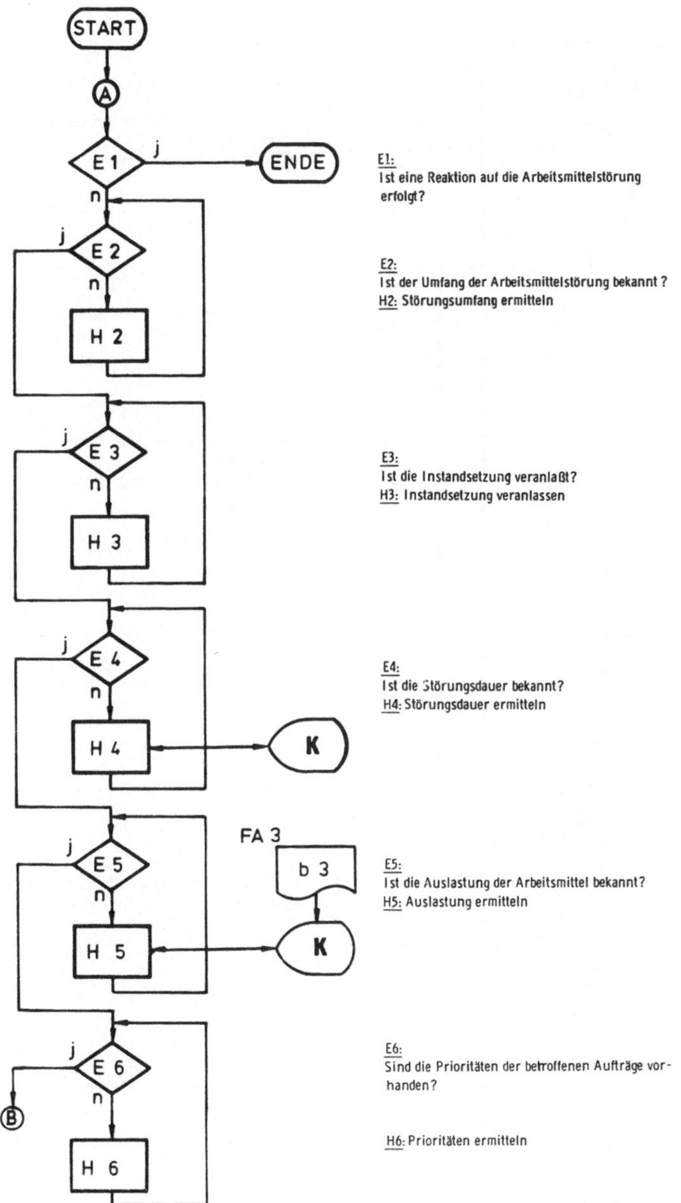

Bild 57a: Algorithmus zur Einzelaufgabe Arbeitsmittelstörungsreaktion

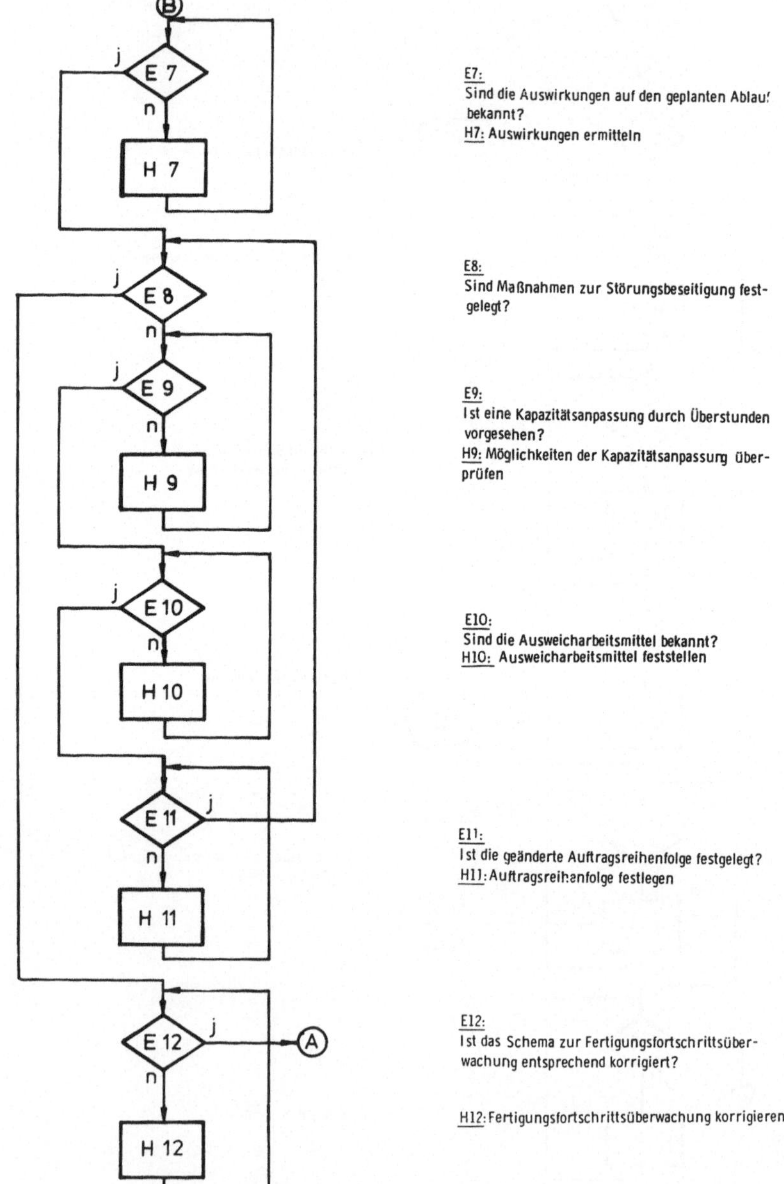

Bild 57b: Algorithmus zur Einzelaufgabe Arbeitsmittelstörungsreaktion (Fortsetzung)

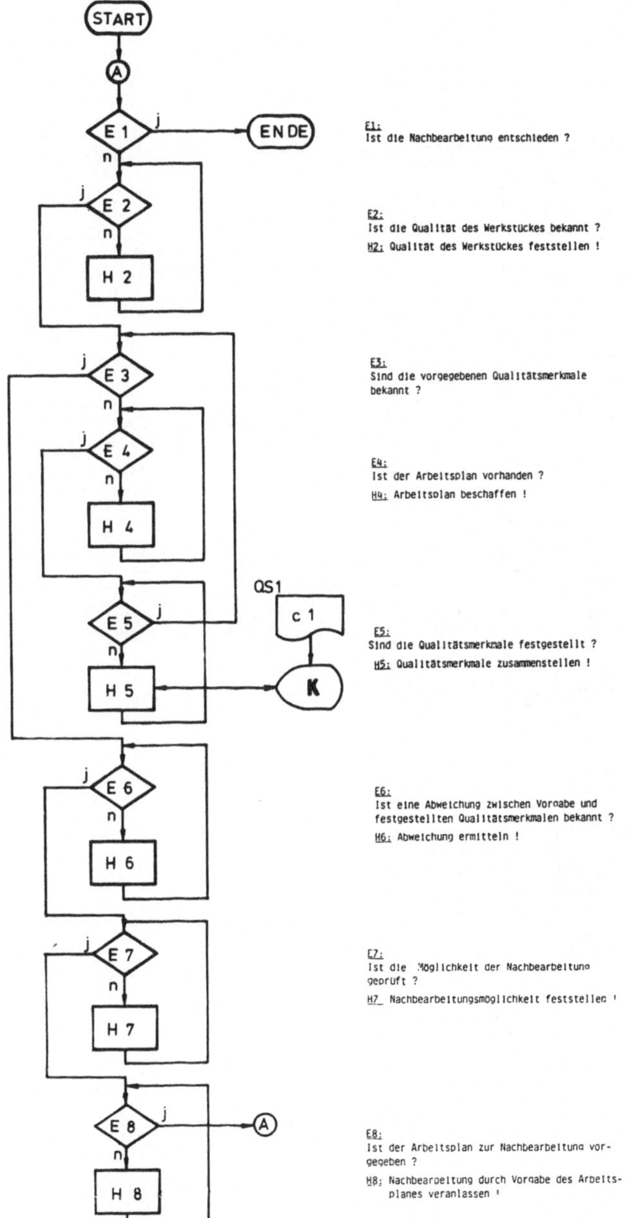

Bild 58: Algorithmus zur Einzelaufgabe Nachbearbeitung entscheiden

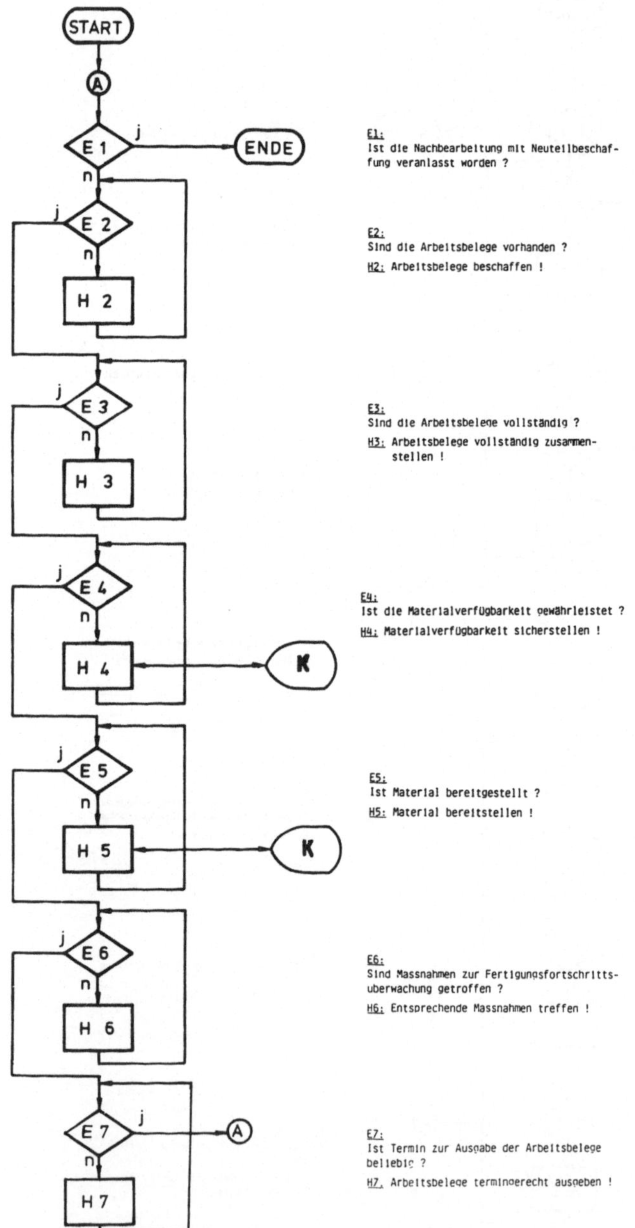

Bild 59: Algorithmus zur Einzelaufgabe Nachbearbeitung veranlassen

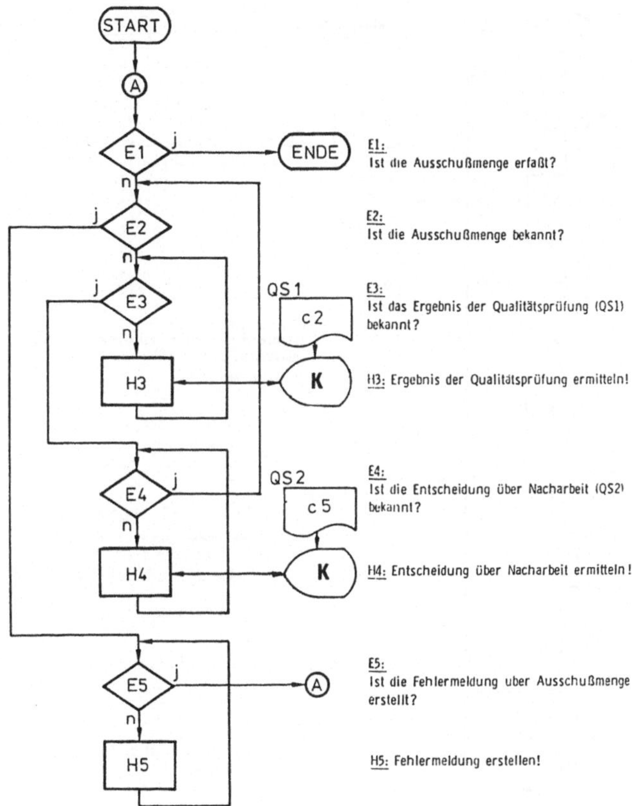

Bild 60: Algorithmus zur Einzelaufgabe Ausschußmenge erfassen

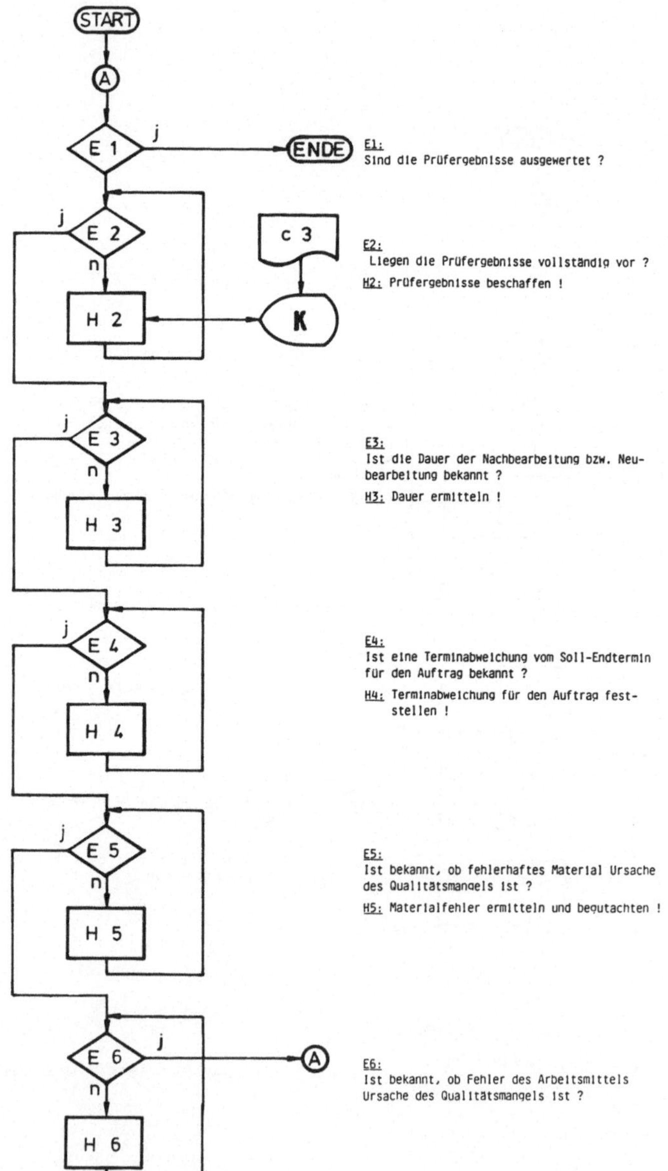

Bild 61: Algorithmus zur Einzelaufgabe Prüfergebnisse auswerten

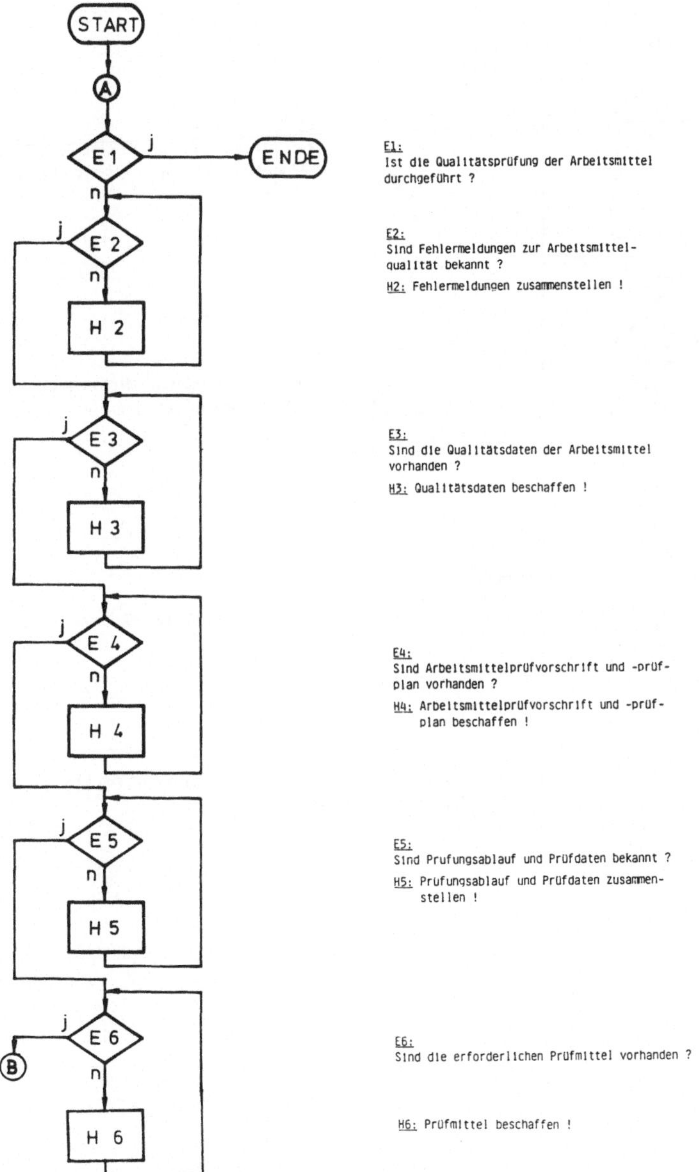

Bild 62a: Algorithmus zur Einzelaufgabe Arbeitsmittel auf Qualität prüfen

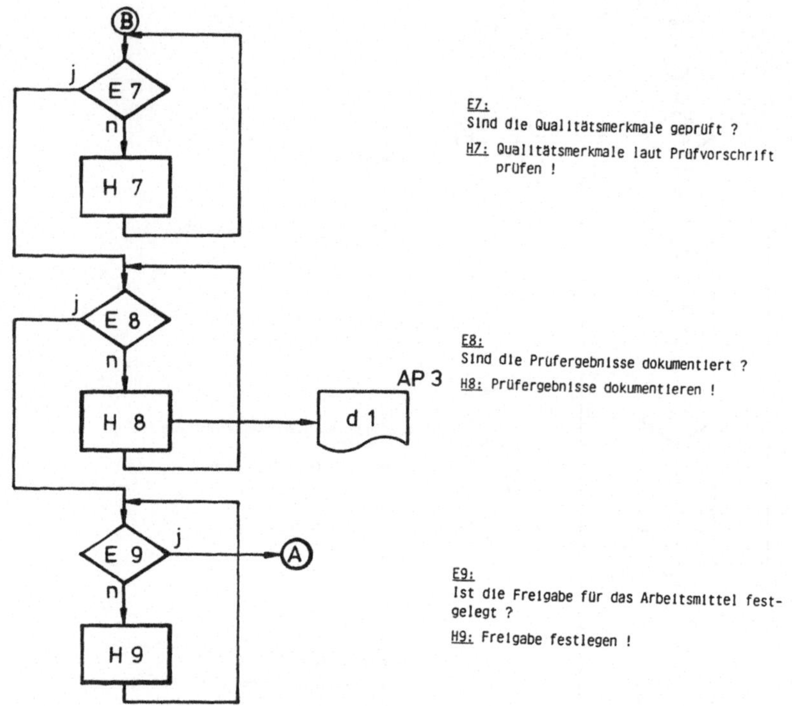

Bild 62b: Algorithmus zur Einzelaufgabe Arbeitsmittel auf Qualität prüfen (Fortsetzung)

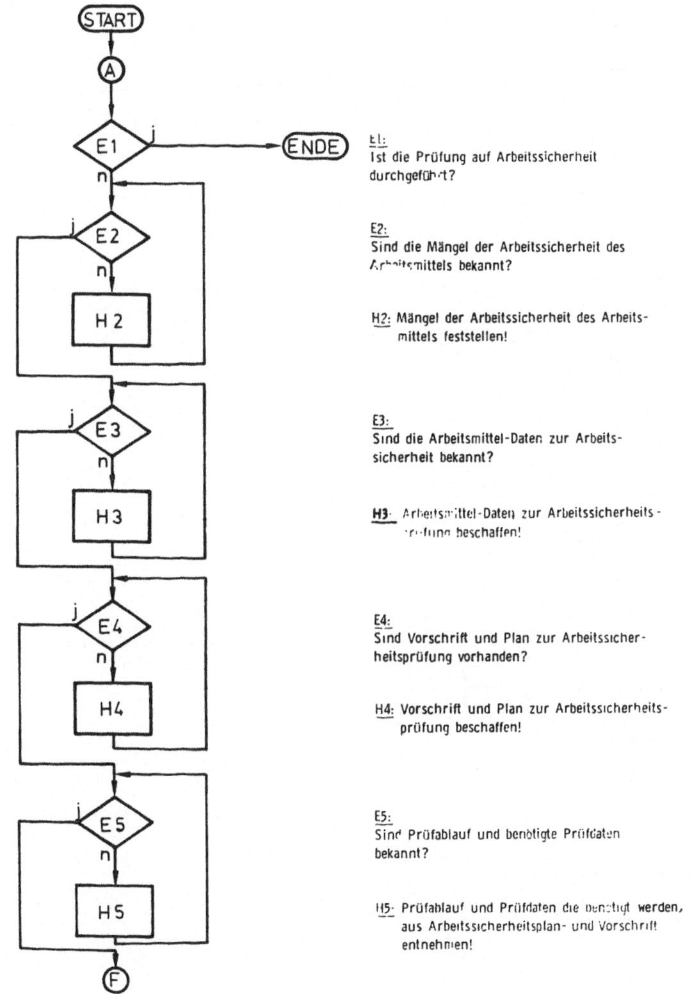

Bild 63a: Algorithmus zur Einzelaufgabe Arbeitsmittel auf Arbeitssicherheit prüfen

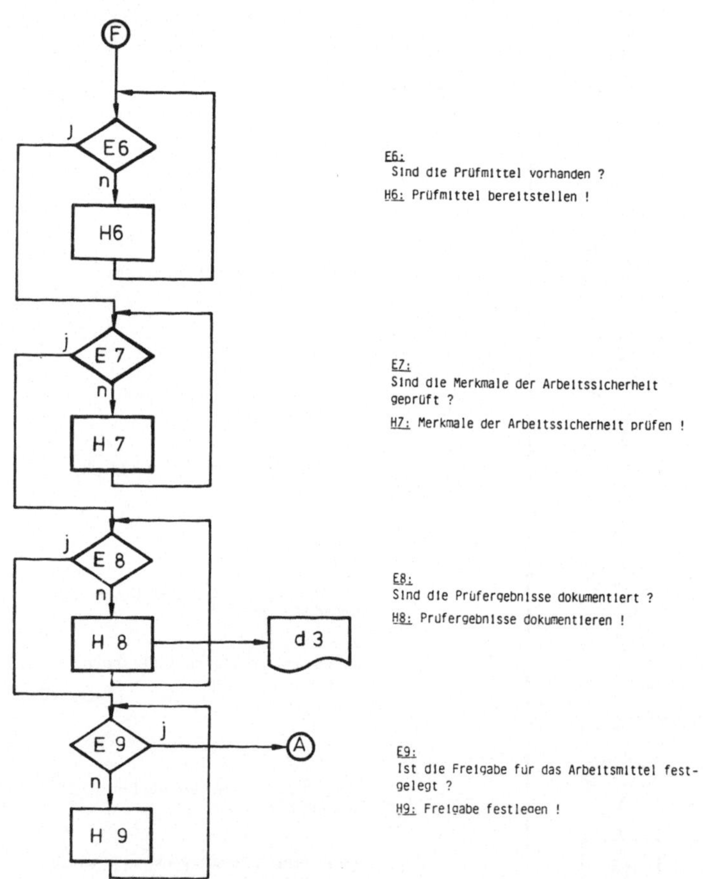

Bild 63b: Algorithmus zur Einzelaufgabe Arbeitsmittel auf Arbeitssicherheit prüfen (Fortsetzung)

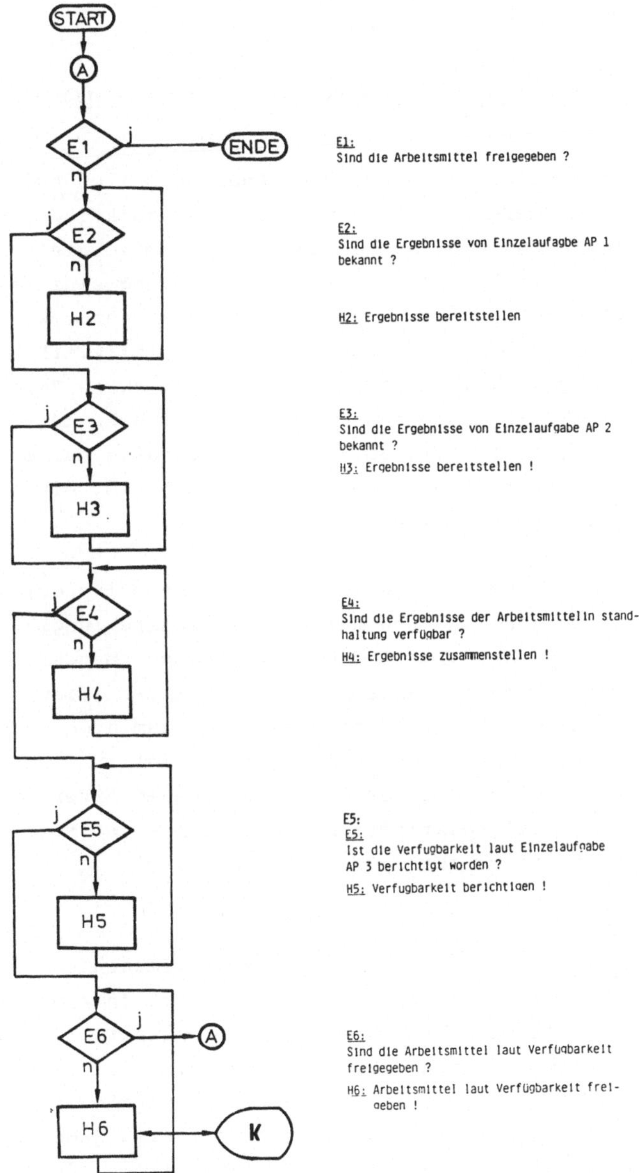

Bild 64: Algorithmus zur Einzelaufgabe Arbeitsmittel freigeben

7.5 Ermittlung eines betriebsorganisatorischen Arbeitssystemwertes

- Möglichkeiten einer betriebsorganisatorischen Analyse

Mit einer betriebsorganisatorischen Analyse sollen Arbeitssysteme beurteilt werden. Anhand von Beurteilungskriterien werden Werte ermittelt, um das Beurteilungsobjekt im Vergleich zu anderen, ähnlichen Objekten in eine Rangordnung einzustufen. Beurteilungskriterien für diese Einstufung können sowohl monetär quantifizierbare als auch nicht quantifizierbare Größen sein. Monetär quantifizierbare Größen werden durch Verfahren der Wirtschaftlichkeitsrechnung - meist Verfahren der Investitionsrechnung - ermittelt. Sollen auch geldmäßig nur schwer oder nicht erfaßbare Größen beurteilt werden, ist ein entscheidungstheoretischer Ansatz heranzuziehen /44/.

Die Auswahl eines Bewertungsverfahrens ist vom Typ der Investitionsentscheidung und von der Art der Beurteilungskriterien abhängig. Der Typ der Investitionsentscheidung beschreibt zum einen die Entscheidung über ein einzelnes Investitionsobjekt hinsichtlich seiner Wirtschaftlichkeit und zum anderen die Entscheidung über zwei oder mehrere Objekte. Ziel ist dabei, das wirtschaftlich optimale unter den vorgegebenen Alternativen zu ermitteln. Beurteilungskriterien sind Kosten- und Nutzenfaktoren, die hinsichtlich ihrer Quantifizierbarkeit zu untersuchen sind.

Zur Beurteilung von technischen, wirtschaftlichen und sozialen Aspekten in der Arbeitssystemgestaltung wurde in /45/ eine Systematik zur Arbeitssystembewertung entwickelt. Dieses Verfahren wurde hinsichtlich der betriebswirtschaftlichen Beurteilung neuer Arbeitssysteme in /4/ vertieft. Vergleicht man daneben verschiedene Untersuchungen zur Beurteilung der Fertigungssteuerung als Teil der Betriebsorganisation /46,47,48/, so läßt sich feststellen, daß Fertigungssteuerungssysteme nur über eine relative Wirtschaftlichkeit beurteilt werden können. Denn die Durchführung der Fertigungssteuerungsaufgaben verursacht einen Aufwand, dem kein unmittelbarer Ertrag zugerechnet werden kann. Insbesondere ist bei prospektiven Bewertungen der Ertrag nur sehr ungenau zu ermitteln. Daher wird im folgenden ein Hilfsmittel zur Beurteilung der Fertigungssteuerung von Arbeitssystemen vorgestellt, das in Erweiterung zu dem in /45/ vorgeschlagenen Verfahren technisch-organisatorische Aspekte berücksichtigt und einen betriebsorganisatorischen Arbeitssystemwert ermittelt.

- Aufstellung des Kriterienkataloges

Zur Beurteilung eines Fertigungssteuerungssystems wird ein Kriterienkatalog aufgestellt, der die von der Fertigungssteuerung beeinflußbaren kosten- und nutzenrelevanten Faktoren wiederspiegelt. Unter dem Aspekt der Vollständigkeit wird ein allgemein anwendbarer Kriterienkatalog entwickelt, der für jeden Anwendungsfall eine Kriteriensammlung vorgibt, die es ermöglicht, ein passendes Kriterienspektrum entsprechend den betriebsspezifischen Gegebenheiten auszuwählen. Die zusammengestellten Kriterien orientieren sich an den Einzelaufgaben der Fertigungssteuerung (Bild 65).

Zur Durchführung der Aufgaben aus den Bereichen Arbeitsverteilung und Fertigungsablaufsicherung müssen Daten, die zur Steuerung und Überwachung des Fertigungsprozesses notwendig sind, erfaßt und entsprechenden Stellen (z.B. Leitstand, Meister, Mitarbeiter) für eine Informationsverarbeitung zur Verfügung gestellt werden. Dadurch wird ein innerbetrieblicher Informationsfluß aufgebaut, dessen Qualität die Wirtschaftlichkeit der Fertigungssteuerung mitbestimmt.

Die Kriterien zum Informationsfluß beschreiben die Erfassung, die Verarbeitung und die Weitergabe von Daten. Daten sind dabei Zahlen, Buchstaben und Sonderzeichen oder nach festen Regeln hieraus zusammengestellte Kombinationen, die einen Sachverhalt beschreiben.

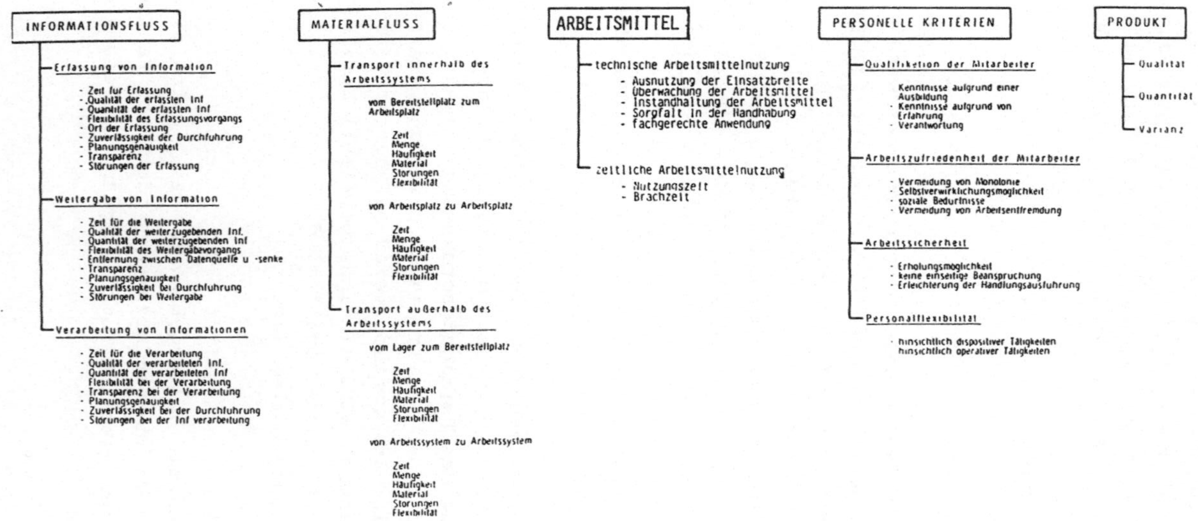

Bild 65: Kriterienkatalog zur Ermittlung eines betriebs-organisatorischen Arbeitssystemwertes

Wenn Einzelaufgaben der Arbeitsverteilung und der Fertigungsablaufsicherung in die Mitarbeiterebene verlagert werden, ändern sich die Funktionsträger dieses Informationsflusses und damit der I n f o r m a t i o n s f l u ß selbst. Eine Änderung des Informationsflusses muß untersucht werden, um entscheiden zu können, welche Einzelaufgaben auch diesen beiden Aufgaben zweckmäßigerweise übertragen werden.

Der Materialfluß ist der Weg des Materials (Rohstoffe, Baustoffe, Halbzeuge, Hilfsstoffe, Betriebsstoffe, Teile und Gruppen, die zur Fertigung eines Erzeugnisses notwendig sind) vom Wareneingang über Lager durch die Fertigung bis zum Versand. Er ergibt sich aus der Verkettung aller Vorgänge beim Gewinnen, Be- und Verarbeiten, sowie beim Lagern und Verteilen von Stoffen innerhalb festgelegter Bereiche. Durch Übertragung von Einzelaufgaben, wie Materialbereitstellung, Materialtransportverantwortung, Reaktion auf Störungen "Material" und Materialbeschaffung für Nacharbeit wird der Materialfluß innerhalb und außerhalb des Arbeitssystems beeinflußt. Ein derartiger Einfluß kann sich in einer Verringerung der Durchlaufzeit oder schnelleren Beseitigung von Störungen zeigen, da die Mitarbeiter besser in der Lage sind, falsch angeliefertes oder fehlerhaftes Material zu identifizieren und für Ersatz zu sorgen. Der " M a t e r i a l f l u ß " stellt damit das zweite Hauptkriterium dar.

Die Kriterien bezüglich der A r b e i t s m i t t e l ergeben sich aus der betrieblichen Leistungserstellung und den damit zusammenhängenden beweglichen und unbeweglichen Mitteln /7/. Die Auslastung von Maschinen und Anlagen beeinflußt die Wirtschaftlichkeit der Produktion entscheidend. In diesem Zusammenhang ist die Übernahme von Einzelaufgaben, wie Arbeitsreihenfolge festlegen, Störungen bzgl. Personal, Terminen und Material, Arbeitsmittelbeanstandung und Arbeitsmitteleinsatz verantworten, durch Werkstattmitarbeiter zu sehen. Auch die technische Nutzung der Arbeitsmittel kann beeinflußt werden, da bei den Mitarbeitern vorhandene Kenntnisse über Zusatzeinrichtungen an Maschinen und Werkzeugen, sowie über die Eignung von Maschinen zur Fertigung bestimmter Teile besser benutzt werden können.

Unter die p e r s o n e l l e n K r i t e r i e n fallen alle Merkmale, die zur Beurteilung der Auswirkung der Arbeitsstrukturierung bei den Arbeitspersonen herangezogen werden können.

Übertragung von Qualitätssicherungsaufgaben auf die Werkstattmitarbeiter wirkt sich auf Ausschuß und Nacharbeit aus. Wenn man davon ausgeht, daß die Mitarbeiter durch die Übernahme solcher neuen Aufgaben bzgl. ihrer Arbeitssorgfalt stärker motiviert werden, wird sich die Produktionsqualität erhöhen und damit Ausschuß- und Nacharbeitungsmenge reduzieren. Unter dem Hauptkriterium P r o d u k t müssen deshalb diese Begriffe in das Zielsystem mit aufgenommen werden.

Zur Bestimmung des betriebsorganisatorischen Arbeitssystemwertes ist der vom Verfasser entwickelte Kriterienkatalog heranzuziehen. Darauf baut ein Bewertungsverfahren auf, das auf einer Nutzwertanalyse beruht /50/. Bei dieser Vorgehensweise muß allerdings berücksichtigt werden, daß ein subjektiver Einfluß der Entscheidungsträger nicht auszuschließen ist. Dies gilt sowohl für die Gewichtung der Kriterien als auch für die Beurteilung der Alternativen. Es wird deshalb empfohlen, die Bewertung von einem Expertenteam durchführen zu lassen. Diesem Team sollten Vertreter aus dem betroffenen Fertigungsbereich, der Fertigungssteuerung und der technischen Leitung angehören.

- <u>Betriebsorganisatorischer Arbeitssystemwert für das Anwendungsbeispiel</u>

Die Kriterien zur Ermittlung des betriebsorganisatorischen Arbeitssystemwertes für den Anwendungsfall basieren auf dem allgemeinen Kriterienkatalog. Für die vorliegende Problemstellung werden folgende Hauptkriterien ausgewählt: Informationsflußkriterien, personelle Kriterien und produktbezogene Kriterien. Die Kriterien zum Materialfluß und Arbeitsmitteln bleiben unberücksichtigt, da sich diesbezüglich durch die Einführung der neuen Fertigungssteuerungskonzeption keine Änderung ergeben hat.

Durch die Übernahme von Einzelaufgaben der kurzfristigen Fertigungssteuerung verändert sich z.B. durch neue organisatorische Hilfsmittel der innerbetriebliche Informationsfluß. Daher werden die Komponenten des Informationsflusses: Erfassung von Daten, Verarbeitung von Daten und Weitergabe von Daten zur Beurteilung von Ausgangszustand und Modell herangezogen. Mit einer Übernahme von Fertigungssteuerungsaufgaben durch Werkstattmitarbeiter werden mitarbeiterbezogene Ziele wie höhere Personalflexibilität, Verbesserung der Arbeitszufriedenheit, Verbesserung der Arbeitssicherheit und Höherqualifizierung verwirklicht. Die entsprechenden Beurteilungskriterien finden sich ebenfalls im Kriterienkatalog. Die Verlagerung der Steuerungsverantwortung auf die Mitarbeiter im Arbeitssystem wirkt sich auch auf das Produkt aus, da Produktqualität, Ausbringungsmenge und Produktvariante gegenüber dem ursprünglichen Zustand stärker vom Mitarbeiter beeinflußt werden können.
Die ausgewählten Kriterien sind von einem Expertenteam der Projektgemeinschaft gewichtet worden.

Daneben wurden Ausgangszustand und Modell hinsichtlich dieser Kriterien beschrieben. Aus diesen Daten wurden die Zielerträge ermittelt. Für die Hauptkriterien unterscheiden sich die beiden Alternativen wesentlich bei den personenbezogenen und den produktbezogenen Kriterien zu Gunsten des neuen Modells, während der informationsbezogene Wert für den Ausgangszustand geringfügig höher liegt. Insgesamt wird das neuentwickelte Modell mit 45 Punkten höher bewertet als der Ausgangszustand.

8 ZUSAMMENFASSUNG

Die vielfältigen Einflußgrößen auf den Absatz- und Beschaffungsmärkten sowie die Veränderungen der Arbeitswelt, die auf die Unternehmen einwirken, haben dazu geführt, daß insbesondere die Konzeption des Produktionsbereiches überdacht werden muß. Als Ergebnis dieser Bemühungen werden meist die technologischen und technischen Bedingungen der Fertigung verändert. Inzwischen hat man jedoch festgestellt, daß auch das organisatorische Konzept überprüft und den veränderten Bedingungen angepaßt werden muß. Ein Ansatzpunkt dafür bietet eine flexible Organisation des kurzfristigen Bereichs der Fertigungssteuerung. Damit können neben externen Marktanforderungen auch interne Unternehmensziele in der Fertigung verstärkt mitberücksichtigt werden. Allerdings gibt es auf diesem Gebiet bis jetzt nur Systeme zur Terminplanung und -steuerung, die auf spezielle Anwendungen in Montage und Teilefertigung zugeschnitten sind.

Im Rahmen dieser Arbeit werden deshalb Algorithmen für eine flexible Gestaltung der kurzfristigen Fertigungssteuerung geschaffen, die weitgehend unabhängig vom Organisationstyp sowohl in der Teilefertigung als auch in der Montage anzuwenden sind.

Zur Entwicklung dieses Fertigungssteuerungsmodells wird eine Aufbauorganisation der Fertigungssteuerung entworfen, die sich in Arbeitssystem-, Betriebs- und Dispositionsebene gliedert. Daneben werden die Informationsschnittstellen zwischen kurzfristiger Fertigungssteuerung und übergeordneter Planung festgestellt und die Praktikabilität dieses Organisationssystems durch eine Erhebung gezeigt.

In weiteren Arbeitsschritten wird stufenweise eine Modellvorstellung für die kurzfristige Fertigungssteuerung in Form von Informationsflußsystemen entwickelt. Ausgehend vom Informationsflußsystem "Fertigungssteuerung und Fertigungsprozeß" werden die Systeme kurzfristige Fertigungssteuerung sowie Arbeitsverteilung, Fertigungsablaufsicherung, Qualitätssicherung und Arbeitsmittelprüfung (Modellstufe 3) abgeleitet.

Die Informationsflußsysteme von Modellstufe 3 werden mit Hilfe von Beschreibungselementen, wie kommunikative Rückkopplungs- und Speichereinheiten, in Algorithmen umgesetzt. Diese Algorithmen werden für alle 24 Einzelaufgaben der kurzfristigen Fertigungssteuerung entwickelt. Mit diesen Algorithmen werden alle Vorgänge, wie Informationen verarbeiten, Entscheiden usw., und die vom Umfeld erkennbaren Reaktionen bei der Aufgabendurchführung beschrieben. Die Anwendung von Algorithmen hat zwei Zielrichtungen. Zum einen werden damit die Fertigungssteuerungsaufgaben in einer Weise aufbereitet, die dem Denkablauf sehr nahe kommt. Zum anderen wird in diesen Algorithmen die Notwendigkeit eines Dialogs mit dem Arbeitssystemumfeld hervorgehoben, der z.B. über ein Kommunikationsmittel, wie ein EDV-System, realisiert werden kann. Ein derartiges Dialogsystem ist speziell zur Fertigungssteuerung geeignet, da häufig Informationen benötigt werden, die sich erst aus vielschichtigen Wechselbeziehungen im Fertigungsprozeß ergeben und im vorhinein nur ungenau oder gar nicht angegeben werden können.

Ein Nutzeffekt ist die Verringerung der ablaufbedingten Zeitverluste. Weiterhin wird eine Basis geschaffen, Werkstattmitarbeiter in den technisch-organisatorischen Ablauf einzubeziehen. Damit kann sowohl das Erfahrungspotential hinsichtlich technischer Gegebenheiten als auch organisatorischer Möglichkeiten genutzt werden. Es läßt sich auf diese Weise die Effizienz der Ablauforganisation entscheidend verbessern.

Im abschließenden Schritt der Arbeit wird die Anwendbarkeit der entwickelten Algorithmen am Beispiel einer kurzfristigen Fertigungssteuerung einer Fertigungszelle zur Rohteilbearbeitung abgesichert. Als Ergebnis dieser flexiblen Steuerung ist festzustellen, daß der Umlaufbestand um annähernd 50 % und die Durchlaufzeit von durchschnittlich 15 Tagen auf ca. 5 Tage reduziert werden konnten.

9 LITERATURVERZEICHNIS

/1/ Warnecke,H.-J.; Kunerth, W.; Graf, H.:
Neue Produktionsstrukturen fordern neue organisatorische Lösungen.
Management-Zeitschrift io 45 (1976) Nr. 1, S. 21-26.

/2/ Lederer, K.G.:
Kurzfristige Fertigungssteuerung bei flexiblen Arbeitsstrukturen.
Fortschrittliche Betriebsführung und Industrial Engineering 26 (1977) Nr. 2, S. 111-116.

/3/ Meyer, T.:
Schwachstellen bei der Einführung der Arbeitsstrukturierung.
Diss. Universität Karlsruhe 1978.

/4/ Zippe, B.H.:
Die betriebswirtschaftliche Beurteilung Neuer Arbeitsformen.
Diss. Universität Stuttgart 1979
veröffentlicht in der Schriftenreihe "IPA Forschung und Praxis".
Mainz: Krausskopf-Verlag 1979.

/5/ Lederer, K.G.:
Fertigungssteuerung bei flexiblen Arbeitsstrukturen.
Diss. Universität Stuttgart 1977
veröffentlicht in der Schriftenreihe "IPA Forschung und Praxis",
Mainz: Krausskopf-Verlag 1978.

/6/ Kölle, J.H.:
Entwicklung von Verfahren zur Terminplanung und -steuerung bei flexiblen Montagesystemen.
Diss. Universität Stuttgart 1981
veröffentlicht in der Schriftenreihe "IPA Forschung und Praxis" Band Nr. 54.
Berlin, Heidelberg, New York: Springer-Verlag 1980

/7/ o.V.:

Elektronische Datenverarbeitung bei der Produktionsplanung und -steuerung VI (T 77). Begriffszusammenhänge, Begriffsdefinitionen.

Düsseldorf: VDI-Verlag 1978.

/8/ Grochla, E. und Mitarbeiter:

Integriertes Gesamtmodell der Datenverarbeitung. Entwicklung des Kölner Integrationsmodells (KIM).

München-Wien: Hanser 1974.

/9/ Maier,U.:

Arbeitsgangterminierung mit variabel strukturierten Arbeitsplänen.

Diss. Universität Stuttgart 1980
veröffentlicht in der Schriftenreihe "IPA Forschung und Praxis" Band Nr. 38.
Berlin, Heidelberg, New York: Springer-Verlag 1980.

/10/ Warnecke, H.-J.; Lederer, K.G.:

Neue Arbeitsformen in der Produktion.
VDI-Taschenbuch T 52.

Düsseldorf: VDI-Verlag 1979.

/11/ Schmitz, P.; Seibt, D.:

Einführung in die anwendungsorientierte Informatik.

München: Vahlen 1975.

/12/ Warnecke, H.-J.; Kölle, J.H.; Schlauch, R.:

Methoden der Fertigungssteuerung für eine flexible Produktion.

wt-Zeitschrift f. ind. Fertigung 70 (1980) Nr. 12, S. 771-774

/13/ Wöpkemeier, H.:

Flexibilität durch geeignete Produktionsplanung und -steuerung.

VDI-Bericht Nr. 340, 1979, S. 31-42.

/14/ Warnecke, H.-J.; Bullinger, H.J.; Kölle, J.H.:

Strategien der Produktionsplanung und -steuerung bei kritischen Situationen.

Management-Zeitschrift io 47 (1978) Nr. 12, S. 546-553.

/15/ Fotilas, P.:

Die betriebswirtschaftliche Problematik bei der Einführung teilautonomer Gruppen in der Fertigung.

Diss. Techn. Universität Berlin 1978.

/16/ Steinle, H.:

Die Umstellung der Fließfertigung auf Einzel- oder Gruppenfertigung.

Diss. Freie Universität Berlin 1978.

/17/ Mann, W.; Schäfer, D.:

Organisationsprinzipien industrieller Arbeit. Dokumentation zur IPA-Fachtagung "Arbeitsgestaltung in der Produktion".

Vortrag Nr. 23, Böblingen 1976.

/18/ Adena, K.H.:

Fertigungsplanung und Fertigungssteuerung unter dem Gesichtspunkt der Gruppenverantwortung.

REFA-Nachrichten 28 (1975) Nr. 6, S. 333-337.

/19/ Frieling, E.; Kölle, J.H.; Maier, W.; Reiser, A; Scheiber, R.E.; Weber, G.:

Entwicklung von Konzeptionen zur Fertigungssteuerung bei neuen Arbeitsformen.

Hrsg. BMFT (Forschungsbericht HA 80-047 (1 und 2) Eggenstein-Leopoldshafen: Fachinform.zentrum Energie, Physik, Mathematik 1980.

/20/ Gentner, R.:

Modelle von Informationssystemen zur kurzfristigen Fertigungssteuerung und ihre Gestaltung nach betriebsspezifischen Gesichtspunkten.

Diss. Universität Stuttgart 1981.

/21/ Graf, H.; Nieß, P.S.:

Die Produktionsprogrammplanung bestimmt die Qualität der Fertigungssteuerung.

Die Arbeitsvorbereitung 14 (1977) Nr. 5, S. 131-136.

/22/ Scheiber, R.E.:

Konzeption der Fertigungssteuerung, in Entwicklung von überbetrieblich anwendbaren Entscheidungs- und Handlungshilfen für die Planung, die Einführung und den Einsatz neuer Arbeitsstrukturen in der Teilefertigung.

Erscheint demnächst im Forschungsbericht zu o.g. Projekt beim BMFT.

/23/ Kölle, J.H.; Scheiber, R.E.; Weber, G.:

Entwicklung von Konzeptionen zur Fertigungssteuerung bei neuen Arbeitsstrukturen.

REFA-Nachrichten 32 (1979) H. 3, S. 165-170.

/24/ Nie, N.H. u.a.:

Statistical Package for the Social Sciences (SPSS).

New York: Mc Graw-Hill 1975.

/25/ Schulze, H.H.:

Lexikon zur Datenverarbeitung.

Reinbek/Hamburg: Rowohlt 1978.

/26/ Kosiol, E.:

Die Organisation der Unternehmung.

Wiesbaden: Gabler 1976.

/27/ Ropohl, G. (Hrsg.):

Systemtechnik - Grundlagen und Anwendung.

München: Hanser 1973.

/28/ Klir, G.J.:

An Approach to General System Theory.

New York: Van Nostrand Reinhold 1969.

/29/ Hichert, R.:

Stufenweise Ableitung eines praktischen Planungssystems für den Entwicklungsbereich.

Diss. Universität Stuttgart 1978

veröffentlicht in der Schriftenreihe "IPA Forschung und Praxis".
Mainz: Krausskopf-Verlag 1978.

/30/ Kornwachs, K.:
Einführung in die Systemtheorie I. Manuskript des Instituts für Psychologie an der Universität Freiburg.
Freiburg: 1976.

/31/ Rohmert, W.:
Arbeitswissenschaft I. Vorlesungsmanuskript an der TH Darmstadt.
Darmstadt: 1970.

/32/ Methodenlehre des Arbeitsstudiums, Teil 1:
Grundlagen.
Hrsg. REFA, München, Wien: Hanser 1976.

/33/ Johnson, S.C.:
Hierarchical Clustering Schemes.
Psychometrica 32, 1967, Nr. 3, S. 241-254.

/34/ Ellinger, Th.; Wildemann, H.:
Planung und Steuerung der Produktion aus betriebswirtschaftlich-technologischer Sicht.
Wiesbaden: Gabler 1978.

/35/ Heibey, H.; Lutterbeck, B.; Töpel, M.:
Auswirkungen der elektronischen Datenverarbeitung in Organisationen.
Hrsg. BMFT (Forschungsbericht DV 77-01).
Bonn: 1977.

/36/ Abel, B.:
Problemorientiertes Informationsverhalten.
Darmstadt: Toeche-Mittler 1977.

/37/ Miller, G.; Galanter, E.; Pribram, K.:
Strategien des Handelns.
Stuttgart: Klett 1973.

/38/ Hacker, W.:
Allgemeine Arbeits- und Ingenieurpsychologie.
Bern: Huber 1978.

/39/ Griese, J.; Mühlbacher, J.:

Konstruktionsprinzipien und Problembereiche für Mensch-Maschinen-Kommunikationssysteme in computergestützte Planungssysteme.

Hrsg. H. Noltemeier. Würzburg, Wien: Physica 1976.

/40/ Dutschke, W.:

Prüfplanung in der Fertigung.

Mainz: Krausskopf 1975.

/41/ DIN 33 400.

Gestaltung von Arbeitssystemen nach arbeitswissenschaftlichen Erkenntnissen. Begriffe und allgemeine Leitsätze.

Berlin, Köln: 1975.

/42/ Scheiber, R.E.; Witzgall, E.:

Arbeitsorganisation und Höherqualifikation in der Teilefertigung.

Fortschrittliche Betriebsführung und Industrial Engineering 31 (1982) Nr. 2, S. 112-124.

/43/ Wilhelm, K.G.:

System zur Planung des Umlaufbestandes in Betrieben mit Serienfertigung.

Diss. Universität Stuttgart 1980.

/44/ Kunerth, W.:

Konzeption eines EDV-gestützten Fertigungssteuerungssystems.

Berlin, Köln: Beuth 1976.

/45/ Metzger, H.:

Planung und Bewertung von Arbeitssystemen in der Montage.

Diss. Universität Stuttgart 1977

veröffentlicht in der Schriftenreihe "IPA Forschung und Praxis".
Mainz: Krausskopf-Verlag 1977.

/46/ o.V.:

Elektronische Datenverarbeitung bei der Produktionsplanung und -steuerung VII (T 78). Wirtschaftlichkeit.

Düsseldorf: VDI-Verlag 1977.

/47/ Kunerth, W.:

Beurteilung des Investitionsobjektes "EDV-gestütztes Fertigungssystem".

Diss. Universität Stuttgart 1974.

/48/ Dworatschek, S.; Donike, H.:

Wirtschaftlichkeit von Informationssystemen.

Berlin, New York: de Gruyter 1972.

/49/ Lienert, J.:

Beitrag zur Verbesserung der Wirtschaftlichkeit EDV-unterstützter Fertigungssteuerungssysteme durch Schwachstellenanalyse.

Diss. Universität Stuttgart 1981

veröffentlicht in der Schriftenreihe "IPA Forschung und Praxis" Band Nr. 46.
Berlin, Heidelberg, New York: Springer-Verlag 1981.

/50/ Zangemeister, C.:

Nutzwertanalyse in der Systemtechnik.

München: Wittmannsche Buchhandlung 1970.

IPA Forschung und Praxis

Schriftenreihe aus dem Institut für Produktionstechnik und Automatisierung, Stuttgart

Herausgeber: Prof. Dr.-Ing. H. J. Warnecke

Datenerfassung im Produktionsbereich
Von E. Bendeich. ISBN 3-7830-0117-8.
1977, 176 Seiten, kartoniert. 54,— DM

Methodenauswahl für die Materialbewirtschaftung in Maschinenbau-Betrieben
Von H. Graf. ISBN 3-7830-0136-6.
1977, 144 Seiten, kartoniert. 54,— DM

Systematische Auswahl von Förderhilfsmitteln für den innerbetrieblichen Materialfluß
Von W. Rau. ISBN 3-7830-0139-0.
1977, 103 Seiten, kartoniert. 40,— DM

Grundlagen zur Planung von Ersatzteilfertigungen
Von E. Schulz. ISBN 3-7830-0138-2.
1977, 98 Seiten, kartoniert. 40,— DM

Rechnerunterstützte Fabrikplanung
Von B. Minten. ISBN 3-7830-0116-1.
1977, 124 Seiten, kartoniert. 38,— DM

Eine Planungsmethode für automatische Montagesysteme
Von H.-G. Löhr. ISBN 3-7830-0120-X.
1977, 108 Seiten, kartoniert. 32,— DM

Planung und Bewertung von Arbeitssystemen in der Montage
Von H. Metzger. ISBN 3-7830-0131-5.
1977, 108 Seiten, kartoniert. 40,— DM

Klassifizierungssystem für Prüfmittel der industriellen Längenprüftechnik
Von R. Czetto. ISBN 3-7830-0144-7.
1978, 181 Seiten, kartoniert. 64,— DM

Rechnerunterstützte Montageplanung
Von O. Hirschbach. ISBN 3-7830-0149-8.
1978, 146 Seiten, kartoniert. 52,— DM

Rechnerunterstützte Entwicklung von Simulationsmodellen für Unternehmensplanspiele
Von A. Moker. ISBN 3-7830-0147-1.
1978, 181 Seiten, kartoniert. 64,— DM

Arbeitsplatzanalysen zur Ermittlung der Einsatzmöglichkeiten und Anforderungen an Industrieroboter
Von G. Herrmann. ISBN 37830-0151-X.
1978, 113 Seiten, kartoniert. 40,— DM

MFSP — Ein Verfahren zur Simulation komplexer Materialflußsysteme
Von G. Stemmer. ISBN 3-7830-0118-8.
1977, 140 Seiten, kartoniert. 60,— DM

Berührungslose Erkennung durch Positionsbestimmung von Objekten durch inkohärent-optische Korrelation
Von M. König. ISBN 3-7830-0137-4.
1977, 110 Seiten, kartoniert. 40,— DM

Auslegung von Störungspuffern in kapitalintensiven Fertigungslinien
Von R. v. Stetten. ISBN 3-7830-0140-4.
1977, 154 Seiten, kartoniert. 56,— DM

Flexible Transportablaufsteuerung
Von G. Romer. ISBN 3-7830-0114-5.
1977, 188 Seiten, kartoniert. 60,— DM

Rechnergestützte Realplanung von Fabrikanlagen
Von T.-K. Sauter. ISBN 3-7830-0119-6.
1977, 108 Seiten, kartoniert. 32,— DM

Systematisches Auswählen und Konzipieren von programmierbaren Handhabungsgeräten
Von R. D. Schraft. ISBN 3-7830-0115-3
1977, 108 Seiten, kartoniert. 32,— DM

Auslandsproduktion
Von W. Cypris. ISBN 3-7830-0145-5.
1978, 126 Seiten, kartoniert. 42,— DM

Wirtschaftlicher Einsatz von Mehrkoordinatenmeßgeräten
Von M. Dietzsch. ISBN 3-7830-0148-X.
1978, 142 Seiten, kartoniert. 52,— DM

Fertigungssteuerung bei flexiblen Arbeitsstrukturen
Von K.-G. Lederer. ISBN 3-7830-0146-3.
1978, 128 Seiten, kartoniert. 42,— DM

Untersuchungen zum Polieren und Entgraten durch elektrochemisches Oberflächenabtragen
Von K. Zerweck. ISBN 3-7830-0150-1.
1978, 110 Seiten, kartoniert. 40,— DM

Stufenweise Ableitung eines praktischen Planungssystems für den Entwicklungsbereich
Von R. Hichert. ISBN 3-7830-0149-8.
1978, 151 Seiten, kartoniert. 52,— DM

Produktionsplanung mit Auftragsfamilien
Von U. W. Geitner. ISBN 3-7830-0161.7.
1979, 110 Seiten, kartoniert 45,— DM

Thermisch-chemisches Entgraten
Von T. Wagner. ISBN 3-7830-0164-1.
1979, 111 Seiten, kartoniert. 45,— DM

Untersuchung der Materialflußkosten bei ausgewählten Systemen der Zentralen Arbeitsverteilung
Von R. Wenzel. ISBN 3-7830-0162-5.
1979, 168 Seiten, kartoniert. 86,— DM

Anpassung und Einführung eines Planungssystems für die Ablaufplanung im Konstruktionsbereich
Von W. Dangelmaier. ISBN 3-7830-0163-3.
1979, 168 Seiten, kartoniert. 80,— DM

Längenmessungen an bewegten Teilen mit berührungslos wirkenden Aufnehmern
Von H. Lang. ISBN 3-7830-0157-9
1979, 89 Seiten, kartoniert. 42,— DM

Untersuchung multistabiler Strömungselemente und ihr Einsatz in sequentiellen Steuerungen
Von A. Ernst. ISBN 3-7830-0157-9.
1979, 122 Seiten, kartoniert. 48,— DM

Taktile Sensoren für programmierbare Handhabungsgeräte
Von M. Schweizer. ISBN 3-7830-0158-7.
1979, 91 Seiten, kartoniert. 42,— DM

Die rechnerunterstützte Prüfplanung
Von P. Blasing. ISBN 3-7830-0152-8.
1979, 100 Seiten, kartoniert. 44,— DM

Verfahren zur Fabrikplanung im Mensch-Rechner-Dialog am Bildschirm
Von W. Ernst. ISBN 3-7830-0156-0.
1979, 218 Seiten, kartoniert. 72,— DM

Rechnerunterstütztes Verfahren zur Leistungsabstimmung von Mehrmodell-Montagesystemen
Von M. Gorke. ISBN 3-7830-0155-2.
1979, 139 Seiten, kartoniert. 50,— DM

Standortbezogene Betriebsmittel
Von G. Pflieger. ISBN 3-7830-0167-6.
1979, 127 Seiten, kartoniert. 52,— DM

Die betriebswirtschaftliche Beurteilung neuer Arbeitsformen
Von B.-H. Zippe. ISBN 3-7830-0168-4.
1979, 350 Seiten, kartoniert. 98,— DM

Untersuchung des Arbeitsverhaltens programmierbarer Handhabungsgeräte
Von B. Brodbeck. ISBN 3-7830-0169-2.
1979, 117 Seiten, kartoniert. 48,— DM

Untersuchung eines kohärent-optischen Verfahrens zur Rauheitsmessung
Von N. Rau. ISBN 3-7830-0174-9.
1979, 117 Seiten, kartoniert. 48,— DM

Entwicklung einer programmierbaren, pneumatischen Steuerung
Von D Klemenz. ISBN 3-7830-0171-4.
1979, 93 Seiten, kartoniert. 42,— DM

Diese Berichte sind zu beziehen durch den Krausskopf-Verlag, Lessingstraße 12, 6500 Mainz

IPA Forschung und Praxis

Berichte aus dem Fraunhofer-Institut für Produktionstechnik und Automatisierung, Stuttgart, und dem Institut für Industrielle Fertigung und Fabrikbetrieb der Universität Stuttgart

Herausgeber: Prof. Dr.-Ing. H. J. Warnecke

38 **Arbeitsgangterminierung mit variabel strukturierten Arbeitsplänen — Ein Beitrag zur Fertigungssteuerung flexibler Fertigungssysteme**
Von U. Maier. ISBN 3-540-10213-2.
1980, 111 Seiten mit 45 Abbildungen. 43,— DM

39 **Kapazitätsabgleich bei flexiblen Fertigungssystemen**
Von P. S. Nieß. ISBN 3-540-10372-4
1980, 151 Seiten mit 57 Abbildungen 48,— DM

40 **Schichtdickenverteilung auf galvanisierten Paßteilen am Beispiel kleiner abgesetzter Wellen und Bohrungen**
Von D. Wolfhard. ISBN 3-540-10373-2
1980, 177 Seiten mit 83 Abbildungen. 48,— DM

41 **Planung von Mehrstellenarbeit unter Berücksichtigung von Umfeldaufgaben**
Von S. Haußermann. ISBN 3-540-10374-0
1980, 136 Seiten mit 59 Abbildungen 48,— DM

42 **Untersuchungen zur Schmierfilmdicke in Druckluftzylindern — Beurteilung der Abstreifwirkung und des Reibungsverhaltens von Pneumatikdichtungen mit Hilfe eines neu entwickelten Schmierfilmdicken-meßverfahrens**
Von R. Kohnlechner. ISBN 3-540-10375-9
1980, 100 Seiten mit 38 Abbildungen und 4 Tabellen 43,— DM

43 **Typologie zum überbetrieblichen Vergleich von Fertigungssteuerungsverfahren im Maschinenbau**
Von G. Rabus. ISBN 3-540-10376-7
1980, 174 Seiten mit 88 Abbildungen und 21 Tafeln 48,— DM

44 **System zur Planung des Umlaufbestandes in Betrieben mit Serienfertigung**
Von K.-G. Wilhelm. ISBN 3-540-10377-5.
1980, 142 Seiten mit 67 Abbildungen und 15 Tafeln 48,— DM

45 **Rechnerunterstützte Arbeitsplanerstellung mit Kleinrechnern, dargestellt am Beispiel der Blechbearbeitung**
Von W. Hoheisel. ISBN 3-540-10505-0
1981, 169 Seiten mit 74 Abbildungen. 48,— DM

46 **Beitrag zur Verbesserung der Wirtschaftlichkeit EDV-unterstützter Fertigungssteuerungssysteme durch Schwachstellenanalyse**
Von J. Lienert. ISBN 3-540-10506-9
1981, 148 Seiten mit 37 Abbildungen 48,— DM

47 **Die Abscheidung von Öl an Entlüftungsöffnungen drucklufttechnischer Anlagen**
Von W.-D. Kiessling. ISBN 3-540-10604-9
1981, 117 Seiten mit 48 Abbildungen und 3 Tabellen 43,— DM

48 **Dynamische Optimierung technisch-ökonomischer Systeme**
Von J. Warschat. ISBN 3-540-10717-7
1981, 132 Seiten mit 60 Abbildungen. 43,— DM

49 **Bildsensor zur Mustererkennung und Positionsmessung bei programmierbaren Handhabungsgeräten**
Von H. Geißelmann. ISBN 3-540-10735-5.
1981, 125 Seiten mit 52 Abbildungen. 43,— DM

50 **Verfügbarkeitsberechnung für komplexe Fertigungseinrichtungen**
Von Ekkehard Gericke. ISBN 3-540-10779-7.
1981, 132 Seiten mit 71 Abbildungen. 43,— DM

51 **Materialflußgestaltung in Fertigungssystemen**
Von Willi Rößner. ISBN 3-540-10888-2.
1981, 149 Seiten mit 76 Abbildungen. 48,— DM

52 **Beitrag zur Analyse der Auswirkungen der Mikroelektronik, dargestellt am Beispiel der Büromaschinen-Industrie**
Von Werner Neubauer. ISBN 3-540-10991-9.
1981, 145 Seiten mit 27 Abbildungen und 47 Tabellen. 43,— DM

53 **Modelle von Informationssystemen zur kurzfristigen Fertigungssteuerung und ihre Gestaltung nach betriebsspezifischen Gesichtspunkten**
Von Roland Gentner. ISBN 3-540-10992-7.
1981, 181 Seiten mit 69 Abbildungen und 7 Tabellen. 48,— DM

54 **Entwicklung von Verfahren zur Terminplanung und -steuerung bei flexiblen Montagesystemen**
Von Jurgen H. Kolle. ISBN 3-540-11227-8.
1981, 132 Seiten mit 64 Abbildungen und 1 Faltplan. 43,— DM

55 **Arbeits- und Kapazitätsteilung in der Montage**
Von Stefan Dittmayer. ISBN 3-540-11228-6
1981, 124 Seiten und 56 Abbildungen 43,— DM

Die Berichte 38 und folgende sind zu beziehen durch den Springer-Verlag, Berlin Heidelberg New York Tokyo

IPA Forschung und Praxis

Berichte aus dem Fraunhofer-Institut für Produktionstechnik und Automatisierung, Stuttgart, und dem Institut für Industrielle Fertigung und Fabrikbetrieb der Universität Stuttgart

Herausgeber: Prof. Dr.-Ing. H. J. Warnecke

56 **Beitrag zur systematischen Planung der Qualitätsprüfung bei Klein- und Mittelserienfertigung**
Von Herbert Babic. ISBN 3-540-11325-8
1982, 108 Seiten mit 38 Abbildungen und 7 Tabellen. 53.– DM

57 **Methode zur rechnerunterstützten Einsatzplanung von programmierbaren Handhabungsgeräten**
Von Uwe Schmidt-Streier. ISBN 3-540-11355-X.
1982, 188 Seiten mit 72 Abbildungen. 53.– DM

58 **Werkstoff- und Energiekennwerte industrieller Lackieranlagen, am Beispiel der Automobilindustrie**
Von Rainer Manfred Thiel. ISBN 3-540-11356-8.
1982, 116 Seiten mit 59 Abbildungen. 53.– DM

59 **Maßnahmen zum Verbessern der pneumatischen Lackzerstäubung – Teilchengrößenbestimmung im Spritzstrahl –**
Von Klaus Werner Thomer. ISBN 3-540-11507-2.
1982, 162 Seiten mit 94 Abbildungen und 1 Tabelle. 53.– DM

60 **Ermittlung und Bewertung von Rationalisierungsmaßnahmen im Produktionsbereich**
Von Jürgen Schilde. ISBN 3-540-11730-X.
1982, 158 Seiten mit 57 Abbildungen. 53.– DM

61 **Untersuchung von Verfahren der Reihenfolgeplanung und ihre Anwendung bei Fertigungszellen**
Von Mohamed Osman. ISBN 3-540-11747-4.
1982, 124 Seiten mit 32 Abbildungen und 3 Tabellen. 53.– DM

62 **Ein Simulationsmodell zur Planung gruppentechnologischer Fertigungszellen**
Von Volker Saak. ISBN 3-540-11747-4.
1982, 134 Seiten mit 53 Abbildungen. 53.– DM

63 **Verfahren zur technischen Investitionsplanung automatisierter Fertigungsanlagen**
Von Günter Vettin. ISBN 3-540-11747-4.
1982, 134 Seiten mit 63 Abbildungen. 53.– DM

64 **Pneumatische Sensoren zur prozeßsimultanen Messung des Werkzeugverschleißes und zur Kollisionsvermeidung beim Messerkopffräsen**
Von Wolfgang Jentner. ISBN 3-540-11747-4.
1982, 126 Seiten mit 47 Abbildungen und 6 Tabellen. 53.– DM

65 **Rechnerunterstützte Gestaltung ortsgebundener Montagearbeitsplätze, dargestellt am Beispiel kleinvolumiger Produkte**
Von Eberhard Haller. ISBN 3-540-12015-7.
1982, 130 Seiten mit 43 Abbildungen. 53.– DM

66 **Fernsehüberwachung von Schutzgasschweißvorgängen mit abschmelzender Elektrode MIG – MAG**
Von Ruprecht Niepold. ISBN 3-540-12181-7.
1983, 178 Seiten mit 73 Abbildungen und 5 Tabellen. 58.– DM

67 **Entwicklung flexibler Ordnungssysteme für die Automatisierung der Werkstückhandhabung in der Klein- und Mittelserienfertigung**
Von Karl Weiss. ISBN 3-540-12455-1.
1983, 116 Seiten mit 68 Abbildungen. 58.– DM

68 **Automatisierte Überwachungsverfahren für Fertigungseinrichtungen mit speicherprogrammierten Steuerungen**
Von Werner Eißler. ISBN 3-540-12456-X.
1983, 128 Seiten mit 66 Abbildungen. 58.– DM

69 **Prozeßüberwachung beim Galvanoformen**
Von Jürgen Wilhelm Böcker. ISBN 3-540-12457-8.
1983, 118 Seiten mit 32 Abbildungen. 58.– DM

70 **LAPEX – Ein rechnerunterstütztes Verfahren zur Betriebsmittelzuordnung**
Von Stephan Mayer. ISBN 3-540-12490-X.
1983, 162 Seiten mit 34 Abbildungen und 2 Tabellen. 58.– DM

71 **Gestaltung eines integrierten Produktionssystems für die Sortenfertigung unter Einsatz der Clusteranalyse**
Von Gerald Weber. ISBN 3-540-12650-3.
1983, 194 Seiten mit 54 Abbildungen. 58.– DM

72 **Gußputzen mit sensorgeführten, programmierbaren Handhabungsgeräten**
Von Eberhard Abele. ISBN 3-540-12651-1.
1983, 133 Seiten mit 66 Abbildungen. 58,– DM

73 **Untersuchungen zur Herstellung und zum Einsatz galvanogeformter Erodierelektroden**
Von Harald Müller. ISBN 3-540-12822-0.
1983, 148 Seiten mit 78 Abbildungen. 58,– DM

74 **Ein Beitrag zur Optimierung der Prozeßführungsstrategien automatisierter Förder- und Materialflußsysteme**
Von Hans Steffens. ISBN 3-540-12968-5.
1983. 161 Seiten mit 60 Abbildungen. 58,– DM

IPA Forschung und Praxis

Berichte aus dem Fraunhofer-Institut für Produktionstechnik und Automatisierung, Stuttgart, und dem Institut für Industrielle Fertigung und Fabrikbetrieb der Universität Stuttgart

Herausgeber: Prof. Dr.-Ing. H. J. Warnecke

75 **Entwicklung eines Verfahrens zur wertmäßigen Bestimmung der Produktivität und Wirtschaftlichkeit von Personalentwicklungsmaßnahmen in Arbeitsstrukturen**
Von Christian Müller. ISBN 3-540-13041-1.
1983. 129 Seiten mit 34 Abbildungen. 58,– DM

76 **Berechnung der Gestaltänderung von Profilen infolge Strahlverschleiß**
Von Wolfgang Marx. ISBN 3-540-13054-3.
1983. 121 Seiten mit 58 Abbildungen. 58,– DM

77 **Algorithmen zur flexiblen Gestaltung der kurzfristigen Fertigungssteuerung**
Von Rudolf E. Scheiber. ISBN 3-540-13500-6.
1984, 151 Seiten mit 73 Abbildungen und 1 Tabelle. 63,– DM